国家"双高计划"包装策划与设计专业群新型活页教材

印前处理与制作

主　编：官燕燕

副主编：付文亭　陈海生　叶丽萍　李大红

参　编：张永鹤　高艳飞　李文静　黄余海

　　　　朱盼景　肖小清　张　李

主　审：陈　新

U0219956

中国轻工业出版社

图书在版编目（CIP）数据

印前处理与制作 / 官燕燕主编. — 北京：中国轻
工业出版社，2022.11
　　ISBN 978-7-5184-4050-4

　　Ⅰ.①印…　Ⅱ.①官…　Ⅲ.①印前处理 ②印版制版
Ⅳ.①TS80

　　中国版本图书馆CIP数据核字（2022）第114441号

责任编辑：杜宇芳　　　责任终审：李建华　　　整体设计：锋尚设计
策划编辑：杜宇芳　　　责任校对：朱燕春　　　责任监印：张　可

出版发行：中国轻工业出版社（北京东长安街6号，邮编：100740）
印　　　刷：艺堂印刷（天津）有限公司
经　　　销：各地新华书店
版　　　次：2022年11月第1版第1次印刷
开　　　本：787×1092　1/16　印张：13.25
字　　　数：350千字
书　　　号：ISBN 978-7-5184-4050-4　　定价：78.00元
邮购电话：010-65241695
发行电话：010-85119835　传真：85113293
网　　　址：http://www.chlip.com.cn
Email：club@chlip.com.cn
如发现图书残缺请与我社邮购联系调换
211305J2X101ZBW

教材编写人员

主　　编：官燕燕

副主编：付文亭　陈海生　叶丽萍　李大红

参　　编：张永鹤　高艳飞　李文静　黄余海

　　　　　朱盼景　肖小清　张　李

主　　审：陈　新

序 言

　　职业教育是与普通教育具有同等重要地位的教育类型，是一种具有跨界属性的教育，其基石是基于工作本位的学习，最有效的教学组织方式是校企交互训教、工学交替、岗位培养。党的十九大要求完善职业教育和培训体系，深化产教融合、校企合作。自2019年1月以来，党中央、国务院先后出台了《国家职业教育改革实施方案》（简称"职教20条"）、《中国教育现代化2035》、《关于加快推进教育现代化实施方案（2018—2022年）》、《职业教育提质培优行动计划（2020—2023年）》等引领职业教育发展的纲领性文件，为职业教育的发展指明道路和方向，标志着职业教育进入新的发展阶段。产教融合、校企合作是职业教育基本办学模式，深化教师、教材、教法的"三教"改革，是进一步推动职业教育发展，全面提升人才培养质量的基础。

　　2022年5月1日，新修订的《中华人民共和国职业教育法》明确提出"国家推行中国特色学徒制"，由此学徒制上升为国家层面制度并以法律形式确立，成为职业教育基本模式之一。推行中国特色学徒制，其根本目的是实现是为党育人、为国育才，其鲜明特色是坚持立德树人，将职业精神与工匠精神融入教学过程，培养具有家国情怀、爱岗敬业的劳动者。经验表明，学徒制是实现产教融合的最佳方式，能最大限度发挥企业育人主体作用，有效解决企业对高素质技术技能人才的"选、育、用、留"问题。

　　"三教"改革中，教师是关键，教材是基础，教法是手段，解决教学系统中"谁来教、教什么、如何教"的问题。"职教20条"提出"倡导使用新型活页式、工作手册式教材并配套开发信息化资源"。2019年，教育部印发《职业院校教材管理办法》，明确提出"倡导开发活页式、工作手册式新形态教材""及时吸收比较成熟的新技术、新工艺、新规范等；突出理论和实践相统一，强调实践性""注重以真实生产项目、典型工作任务、案例等为载体组织教学单元"等要求。可见职业教育新型活页式教材开发是一项改革性、开拓性、创新性和实践性很强的工作，而目前新形态教材内容定义、内涵、形式等仍没有明确的统一规范。为有效提高教育教学质量和人才培养质效，应以学生为中心、以成果为导向深化"三教改革"，因此，新形态教材不仅是课程内容的简单载体，更应遵循"做中学"核心育人理念，是以行动导向的教学模式、学习与工作过程相融合的载体，是育人评价结果和过程的载体，新形态教材的内涵进一步明晰。

基于国家"双高计划"包装策划与设计专业群建设，中山火炬职业技术学院与中荣印刷集团股份有限公司联合探索现代学徒制育人模式，实施双主体协同育人，学徒在岗培养与成才，不断深化三教改革，面向包装印刷领域印前工程师等多个关键技术岗位，校企共同开发了《印前处理与制作》等系列新型活页式教材，满足岗位教学与员工培训，实现育训结合。教材开发过程中紧扣岗位典型工作任务要求，按照岗位工作过程、学生认知规律和自主学习要求设计教学过程，以职业素养培养为主线，把课程思政融入教学过程，将岗位涉及的新技术、新工艺、新规范、新案例等有机融入到教材内容中，并开发配套数字学习资源，满足线上/线下混合教学要求、"互联网+职业教育"新需求、学习者职业生涯发展学习需要。

该新型活页式教材具有以下三个方面的特征：

1. 具有职业引导功能

教材融入劳动精神、工匠精神和社会主义核心价值观内容，突出职业引导功能，引导学生了解职业岗位、热爱职业岗位，帮助学生树立正确的价值观、择业观，培养良好的职业道德和职业意识。

2. 体现完整工作过程

筛选并设计高效、务实、典型学习情境载体，基于完整工作过程，采用项目六步法（咨询、计划、决策、实施、检查、评价）组织实施教学。坚持以学生为中心的教学理念，遵循学生的认知和技能培养规律，以职业能力培养为主线，以必须、够用为度设计知识点，通过项目任务驱动，引导学习者的学习、操作和评价，突出教学内容的实用性和实践性。

3. 学习活动设计多样

为适应"互联网+"时代学生的心理特点和认知习惯，基于真实的工作任务、情境、职业能力和学习目标，提炼和系统设计引导式学习活动，将相关资讯与知识嵌入到活动中，快捷有效达到教学目标，培养学生的自主学习能力。学习活动设计采用与真实工作过程一致的图像、视频资源等形式呈现，做到图、文、声、像并茂，提高学生学习兴趣。

希望本教材团队持续深化产教融合、校企合作，不断提升育人质量，深入打造校企双元育人的"火炬样本"，为推进构建现代职业教育体系、服务技能型社会建设、推行中国特色学徒制做出贡献。

广东省职业教育现代学徒制工作指导委员会主任委员
广东建设职业技术学院校长

博士，二级教授
2022年7月

2019年1月，国务院印发的《国家职业教育改革实施方案》（国发〔2019〕4号）中提出：建设一大批校企"双元"合作开发的国家规划教材，倡导使用新型活页式、工作手册式教材并配套开发信息化资源。新型活页式教材的开发与现有教材相比，不仅仅是新技术、新工艺等先进内容的融入，更是教育教学理念革新的结果。

本教材是与全国包装智能制造示范单位中荣印刷集团股份有限公司合作开发的。本着"以学生为中心"、产教融合、校企合作的职业教育理念，开发团队对印前处理与制作岗位知识、技能以及职业素养要求进行了系统梳理和分析，并结合《印前处理和制作员》国家职业技能标准，形成公司岗位标准；融入行业新技术、新工艺要求，优化了印前处理与制作的课程标准；依据课程标准，将岗位工作过程转化成教学过程，设计合理的模块化的学习活动，并开发了丰富图片、文字、视频、实物等多种形式学习资源，帮助使用者掌握岗位的知识、技能和素养内容。教材主要有以下几个方面的特点：

1. 课程内容系统化

教材依据印前处理与制作岗位要求，应用工作过程系统化理论，基于真实生产项目，设计了单页、多页、彩盒、复杂表面工艺印刷品印前处理与制作四个学习项目，内容设计符合技能形成规律和学习认知规律。每个项目学习目标清晰、学习步骤明确，学习指导活页循序渐进，易于被使用者掌握和应用，有利于提高学习兴趣。

2. 课程思政导向化

教材充分考虑了课程思政要求，有机融入了工匠精神、劳动精神、法律知识和社会主义核心价值内容，符合职业教育的政治价值导向要求。

3. 教材资源立体化

教材资源建设丰富立体，形成了包含企业的生产工单、作业指导书和企业案例，以及自主设计的知识微课、动画视频和操作视频在内的资源体系，使用方便。

4. 学习活动多元化

教材对接岗位能力设计了清晰的知识、技能和素质三维目标，并通过融合"集中授课、岗位练习、操作辅导、自主学习、辅导他人"等五种学习方式的学习活动，帮助学生理解掌握知识，逐步提升学生的技能和素养。

5. 学习对象多样化

本教材（含教材资源），与岗位标准、课程标准、省级精品在线开发课程已成体系，打包形成培训包，适合于不同层次的职业院校学生学习，也可直接用于企业、行业在岗培训，满足行业、企业不同应用场景的培训需求。学员可根据自身学情情况，选择相应的学习内容。本书相关的素材读者在http://www.chlip.com.cn/qrcode/211305J2X101ZBW/sucai.rar下载。

教材开发团队由多方联合组建，团队成员均拥有丰富的印前处理工作和相关课程开发、标准开发、教材开发的经验，专业性强。教材开发过程引入了先进的分析工具和科学的方法论，保证了教材内容开发的质量。教材由中山火炬职业技术学院包装学院印刷媒体技术专业负责人官燕燕担任主编，陈新教授担任主审；中山火炬职业技术学院付文亭、陈海生，中荣印刷集团股份有限公司叶丽萍、东莞职业技术学院李大红为副主编。另外，四川工商职业技术学院张永鹤参与了知识点的设计和视频脚本制作；中山火炬职业技术学院高艳飞老师参与了项目三和项目四纸盒结构内容制作；中荣印刷集团股份有限公司肖小清、张李参与梳理了岗位工作流程，分析岗位能力，制定课程目标，并提供了企业案例；中山市建斌中等职业技术学校黄余海和李文静老师参与了课程视频脚本制作和录制。同时感谢高级职业顾问朱盼景老师对本书活页教材结构和教学活动设计的指导。

教材开发是教学人员核心任务，是师资队伍教学科研能力提升及教书育人质量的关键环节。因此，编写人员秉持一丝不苟，精益求精的态度全力以赴。由于能力有限，书中可能会有不恰当之处，欢迎读者批评指正。

本书配套的课程《印前处理与排版》已立项为2022年职业教育国家在线精品课程，在智慧职教MOOC学院免费上线，资源可供读者免费使用。

本书提供的所有图片和相关素材，仅限于教学，不做任何商业用途。

官燕燕

2022年6月

1. 课程基本信息

"印前处理与制作"课程是一门基于工作过程开发出来的学习领域的课程，是印刷媒体技术专业的专业核心课程。课程基于现代学徒制人才培养模式开发，是理论与实践一体专业技术技能课程。面向就业的主要岗位是DTP印前制作员、拼版员，与其衔接的相关岗位有版房QC、CTP制版员等。课程任务是使学生实践过程中掌握印刷中的重要的印前制作常识和注意要点，培养学生熟练使用相关的图形图像处理软件对印前图像进行处理调整、制作、拼版操作以适合印刷。通过本课程学习，学生掌握的知识和技能、培养的素养能适应印前制作员、拼版员的职业要求。

- 课程名称：印前处理与制作
- 课程类别：专业核心课程
- 课程性质：专业必修课
- 适用专业：印刷媒体技术
- 开课学期：第 3 学期或第4学期
- 建议课时：64~80 学时

2. 岗位技能等级

印前工程师共分为 4 个层级，从低级到高级分别是助理印前工程师（4级），初级印前工程师（3级），中级印前工程师（2级）和高级印前工程师（1级）。

岗位技能等级表

序号	任务名称	划分岗位等级	岗位职业等级标准			
			单页（助理工程师）	4色彩盒/多页（初级工程师）	多色/多工艺/跟色彩盒（中级工程师）	工艺创意彩盒（高级工程师）
1	接受并确认订单	4级、3级、2级、1级	√	√	√	√
2	主持订单会议	1级				√
3	审核订单	4级、3级、2级、1级	√	√	√	√
4	梳理订单问题	4级、3级、2级、1级	√	√	√	√
5	处理订单	3级、2级、1级		√	√	√
6	跟踪工作的进展	4级、3级、2级、1级	√	√	√	√
7	拼大版印刷文件	3级、2级、1级		√	√	√
8	校对印刷文件	3级、2级、1级		√	√	√
9	交付印刷文件	4级、3级、2级、1级	√	√	√	√
10	总结工作（质量管理）	4级、3级、2级、1级	√	√	√	√
11	维护设备	1级				√
12	色彩管理	1级				√
13	辅导他人	2级、1级			√	√

岗位技能等级与学习范围

岗位技能等级与学习范围

职业教育范围（在校学生）	职业培训范围（在职员工）
助理印前工程师（4级）	高级印前工程师（1级）
初级印前工程师（3级）	
中级印前工程师（2级）	

3. 学习形式与方法

学生划分学习小组：每个小组就是一个工作小组，在小组划分时应考虑学生个体差异进行组合。导师根据实际工作任务设计教学情境，导师的角色主要是负责策划、分析、辅导、评估和激励的工作。学生的角色是学习的主体，应主动思考、自己或小组决定、实际动手操作。学习小组长要引导小组成员制定详细规划，并进行合理有效的分工。

本课程教材的使用倡导行动导向的学习，组建学生学习小组。学生在合作中共同完成工作任务。分组时请注意兼顾学生的学习能力、性格和态度等个体学情差异，以自愿为原则。

写给同学的话

亲爱的同学：

你好！欢迎你学习印前处理与制作岗位课程！与过去传统的教材相比，这是一种全新的学习材料，它能帮助你更好地了解、学习未来的工作及其要求。通过这本活页式教材，学习如何完成印前处理与制作领域中重要的、难度较高和工作频率较高的工作任务，促进你的综合职业能力发展，使你有可能在短时间内成为印前处理与制作领域的技术能手。在正式开始学习之前请你仔细阅读以下内容，了解即将开始的全部学习模式，做好相应的学习准备。

（1）主动学习

主动学习过程中，你将获得与你以往完全不同的学习体验，你会发现与传统课堂讲授为主的教学有着本质的区别，你是学习的主体，自主学习将成为本课程的主旋律。工作能力只有你自己亲自实践才能获得，而不能依靠老师的知识传授与指导。在工作过程中获取的知识最为牢固，而老师在你的学习和工作过程中只能对你进行方法的指导，为你的学习与工作提供帮助。比如说，老师可以给你传授如何进行印前制作和处理时的思路和方法，给你解释处理和制作工作中的一些问题。但在学习中，这些都是外因，你的主动学习与工作才是内因，外因只能通过内因起作用。你想成为印前制作和处理领域的技术能手，你必须主动、积极、亲自去完成从订单到成果直至验收整个工作过程，通过完成工作任务学会工作。主动学习将伴随你的职业生涯成长，它可以使你快速适应新工艺、新技术的核心要求。

（2）用好工作活页

首先，你要深刻理解学习情境的每一个学习目标，利用这些目标指导自己的学习并评价自己的学习效果；你要明确学习内容的结构，在引导问题的帮助下，尽量独自地去学习并完成包括填写工作页内容等整个学习任务的过程；同时，你可以在导师和小组同学的帮助下，通过查阅工作手册，岗位工作标准等相关学习资源，学习重要的工作过程知识；再次，你应当积极参与小组讨论，去尝试解决复杂和综合性的问题，进行工作质量的自检和小组互检，并注意操作规范和安全要求，在多种技术实践活动中形成自己的技术思维方式；最后，在完成一个工作任务后，反思是否有更好的方法或更少的时间来完成工作目标。

（3）团队协作

课程的每个学习情境都是一个完整的工作过程，大部分的工作需要团队协作才能完成，老师会帮助大家划分学习小组，但要求各小组成员在小组长的带领下，制订可行的学习与工作计划，并能合理安排学习与工作时间，分工协作、互相帮助、互相学习，广泛开展交流，大胆发表你的观点和见解，按时保质、保量地完成工作任务。你是小组中的一员，你的参与和努力是团队完成学习任务的重要保证。

（4）把握好学习过程和学习资源

学习过程是有学习准备、计划与实施和评价反馈所组成的完整过程。你要养成理论与实践紧密结合的习惯，老师指导或引导、同学交流、学习中的观察与独立思考、动手操作和评价反思都是专业技术学习的重要环节。学习资源可以参阅每个学习任务结束之后所列的相关的知识点和微课视频。此外，你可以通过相关书籍、互联网等途径获得更专业的技术信息，这将为你的专业学习与工作提供更多的帮助和技术支持，拓展你的学习的视野。你在职业院校的核心任务是在学习中学会工作，这要通过在工作岗位中学会学习来实现。学会学习和学会工作是我们对你的期待。同时，也希望把你学习的感受反馈给我们，以便我们能更好地为你提供学习服务。预祝你学习取得成功，早日成为印前处理与制作领域的技术能手！

4. 学习情境设计

学习情境就是课程内容学习结构的设计，是将工作任务转换为学习任务的过程，是反映学习内容与工作内容之间的相互关系。

课程学习情境设计

等级	学习情境	学习载体	工作过程	建议学时
4级	单页印刷品的印前处理与制作	单页海报	1 接收并确认订单 2 审核客户文件 3 处理印刷文件 4 拼大版印刷文件 5 校对印刷文件	20
3级	多页印刷品的印前处理与制作	多页宣传册	1 接收并确认订单 2 审核客户文件 3 处理印刷文件 4 数码打样 5 拼大版印刷文件 6 校对印刷文件	16
	彩盒印刷品的印前处理与制作	普通包装盒	1 接收并确认订单 2 审核客户文件 3 处理印刷文件 4 拼大版印刷文件 5 校对印刷文件	16
2级	复杂表面工艺印刷品的印前处理与制作	中高档包装盒	1 接收并确认订单 2 审核客户文件 3 处理印刷文件 4 拼大版印刷文件 5 校对印刷文件	12
1级	印刷品表面工艺创意制作	高档包装盒	1 接收并确认订单 2 审核客户文件 3 处理印刷文件 4 拼大版印刷文件 5 校对印刷文件 6 维护设备 7 色彩管理	16

说明：印前工程师岗位等级，从低到高：助理工程师（4级）—初级工程师（3级）—中级工程师（2级）—高级工程师（1级）

目 录 CONTENTS

项目一 单页印刷品的印前处理与制作

工匠精神之爱岗敬业

人的价值取决于，为社会、为国家、为人民作出了多大的贡献，创造了多大的价值。对绝大多数公民来说，岗位普通，人生平凡，但只要爱岗敬业，对所从事的职业感兴趣，对所从事的工作有激情，就一样能够为社会、为国家、为人民作出贡献。

学生姓名:　　　　　班级:　　　　　日期:

🔁 **学习指引**

　　请认真观看项目一学习指引视频,了解在项目一中我们将要学习的内容,整体了解项目一学习过程,为后续学习做好准备。

视频 1
项目一学习指引

🔁 **学习过程**

　　请认真阅读并理解学习过程与学习任务,在教师或导师的指导下完成以下学习任务。

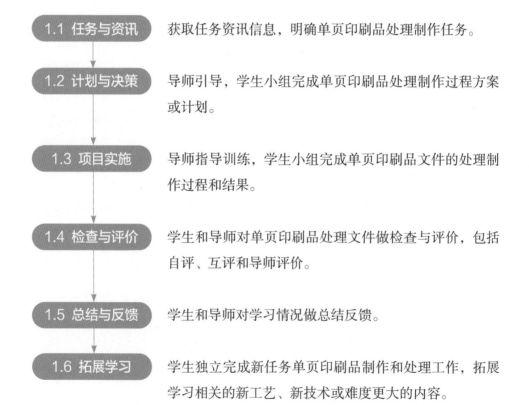

1.1 任务与资讯	获取任务资讯信息,明确单页印刷品处理制作任务。
1.2 计划与决策	导师引导,学生小组完成单页印刷品处理制作过程方案或计划。
1.3 项目实施	导师指导训练,学生小组完成单页印刷品文件的处理制作过程和结果。
1.4 检查与评价	学生和导师对单页印刷品处理文件做检查与评价,包括自评、互评和导师评价。
1.5 总结与反馈	学生和导师对学习情况做总结反馈。
1.6 拓展学习	学生独立完成新任务单页印刷品制作和处理工作,拓展学习相关的新工艺、新技术或难度更大的内容。

学生姓名：　　　　　班级：　　　　　日期：

⇄ 1.1 任务与资讯

1.1.1 学习情境与目标

① 学习情境

客户提供的一份单页海报设计文件，客户原稿如图1-1所示，看着设计很漂亮，但有很多地方不符合印刷要求，需要印前工程师进行处理和制作。这周是学习的第一周，导师觉得这张单页海报的处理比较简单，想让你开始学习处理这个订单。你需要按照公司《DTP文件检查标准》，对接收的客户设计原稿进行检查和修改，以符合后期印刷的要求，并对单页文件进行拼大版操作，把检查后的大版文件交付与下一个流程的工作人员。

② 学习成果

做完单页海报项目，同学们将得到3个项目成果，如图1-2，图1-3和图1-4所示，这 3 个项目成果需要交付给下个流程的工作人员，继续进入下一个生产环节。

图 1-1　客户原稿　　　　　　　图 1-2　项目成果 1 处理完成的单页文件

学生姓名： 班级： 日期：

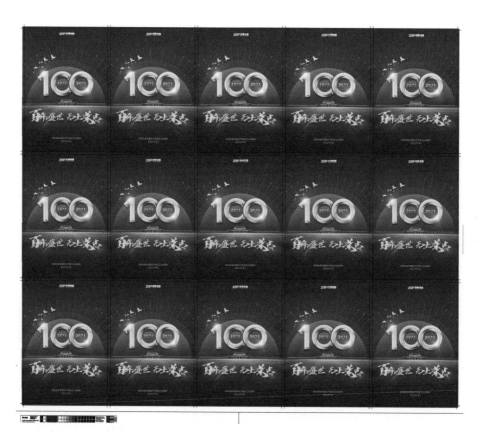

图 1-3 项目成果 2 拼大版印刷文件

图 1-4 项目成果 3 数码打印墨稿（四色分色稿和拼大版文件墨稿）

学生姓名：	班级：	日期：

③ 学习目标

通过单页海报项目的学习，我们要掌握的学习目标如表1-1所示。

表 1-1　学习目标

目标类型	学习目标
知识目标	
1	能够正确理解项目工单内容，识别工作文件夹、单页成品尺寸、刀版线、图像精度的基本含义
2	能够正确理解印前检查细则表的内容，解释图像分辨率、色彩模式、出血位、安全位、印刷黑色、叠印的基本概念
3	能够正确理解拼版的开料尺寸、开位、拼版方向、纸纹、贴码、印刷标记、咬口线、纸边线、测控色条、正反版、自翻版等基本概念
技能目标	
1	能够正确接收并确认单页印刷品客户订单，输出低精度 PDF 文件，符合客户文件信息的要求
2	能够正确检查并处理单页印刷品的印刷文件，输出的单版印前文件，符合印前检查标准、工单信息和电子文件标准要求
3	能够进行简单的单页拼版方案计算，进行单页文件拼大版，输出的大版文件，符合拼大版的印前检查表和工单信息要求
4	能够正确校对印刷文件，输出的大版文件墨稿，符合印前检查标准、工单信息和电子文件要求
素养目标	
1	能够理解并遵守保密工作原则内容与意义
2	能够理解沟通的重要性，应用一定的沟通技巧进行工作沟通
3	能够理解并遵守成本节约原则
4	能够理解产品质量的意义
5	能够理解爱岗敬业的工匠精神内涵

1.1.2　学习方案与分组

① 学习方案

为了达成项目的学习目标，请同学们仔细阅读学习安排表1-2和项目知识体系表1-4，如有疑问，先记录下来并咨询课程导师。

学生姓名：   班级：   日期：

表 1-2　学习安排表

学习方式	学习时长	学习内容	本书资料	设备工具
课堂学习	10 学时	单页海报	课堂学习资料	①电脑（安装如下软件）： 图形软件：Adobe Illustrator 图像软件：Photoshop 拼大版软件：Kodak preps 或者 Acrobat Pro QI 拼版插件
实训学习、岗位学习	10 学时		实训学习资料 / 岗位学习资料 项目训练素材	
自主学习、网络学习	2 周内		自主学习资料 知识微课 操作视频 练习素材	②数码打印机 / 数码印刷机 ③纸盒切割机

② 学生分组

学习分组说明：请你根据导师的分组要求，在规定的时间内完成学习小组组建和选举学习小组长。

学生任务分组如表1-3所示。

表 1-3　学习任务分组与分工

班级		组名		导师姓名	
小组成员	姓名	学号	姓名	学号	
	角色：学习小组长（　　　　　　　　　）				
任务分工					
备注：					

学生姓名： 班级： 日期：

③ 学习知识体系表

阅读"表1–4学习知识体系表"内容，整体了解单页印刷品印前处理与制作的知识结构与学习路径。请根据学习过程与完成状态情况，在学习进度栏中标识出来。

表 1–4　学习知识体系表

工作过程	知识类型	知识点学习内容	资源形式	学习进度
1. 订单的接收与确认 ★★	核心概念	读懂项目工单，熟悉单页产品生产流程	视频 1 项目一学习引导（微课）阅读材料	
		认识工作文件夹	视频 2 认识工作文件夹（动画）	
	工作原则	保密原则	视频 4 法律意识: 保密原则（动画）	
	工作方法和内容	接收与确认客户订单信息	视频 3 客户文件下载途径（微课）视频 5 订单接收操作（操作视频）	
		提取单页线版		
		输出低精度 pdf 文件		
	工作工具	1. FTP 2. 邮件 3. 百度网盘 4. Adobe Illustrator 软件 5. Photoshop 软件		
2. 客户文件的审核 ★★★	核心概念	识别客户文件类型	视频 6 认识文件格式（微课）	
		认识文字字体	视频 7 认识文字字体（微课）	
	工作原则	文件素材的完整性		
		沟通的原则与方法	视频 8 客户沟通技巧（动画）	
	工作方法和内容	检查并解决字体、链接图缺失问题	视频 9 图片和字体缺失问题（操作视频）	
	工作工具	1. Adobe Illustrator 软件 2. Photoshop 软件		
3. 印刷文件的处理 ★★★	核心概念	图像分辨率	视频 10 图像分辨率（微课）	
		色彩模式	视频 11 认识颜色模式（动画）	
		出血位、安全位	视频 14 理解出血位与安全位（微课）	
		印刷中的黑色	视频 16 认识印刷中的黑色（动画）	
		叠印	视频 17 认识印刷中的叠印（微课）	
		印刷中的颜色数量	视频 19 印刷中的颜色数量（微课）	
		海报用的纸张	视频 21 认识海报用的纸张（微课）	

学生姓名：　　　　　　班级：　　　　　　日期：

续表

工作过程	知识类型	知识点学习内容	资源形式	学习进度
3. 印刷文件的处理 ★ ★ ★	工作原则	符合生产印刷规范要求（公司 DTP 文件检查细则表）	阅读材料	
	工作方法和内容	检查和修改图像分辨率与颜色模式	视频 12　检查和修改图像分辨率与颜色模式（操作视频）	
		检查和修改出血位与安全位	视频 13　检查和修改出血位与安全位（操作视频）	
		检查与修改黑色文字	视频 15　检查与修改黑色文字（操作视频）	
		检查和修改小文字与细线条	视频 18　检查和修改小文字与细线条（操作视频）	
		专色改四色操作	视频 20　专色改四色操作（操作视频）	
		打印并检查单版墨稿	视频 22　单页海报数码打印（操作视频）	
	工作工具	1. Adobe Illustrator 软件 2. Photoshop 软件 3. Acrobat Pro 软件 4. 公司 DTP 文件检查表		
4. 拼大版文件 ★ ★ ★	核心概念	拼大版文件、咬口、开料尺寸	阅读材料 视频 23　认识拼大版文件（微课）	
		拼版标记	视频 24　认识拼版标记（微课）	
	工作原则	成本节约的原则		
	工作方法和内容	读懂拼版生产作业指导书	阅读材料	
		设计单页产品最优拼版方案	视频 25 单页产品拼版方案设计（微课）	
		单页产品拼大版操作	视频 26　使用 AI 软件拼版 视频 27 使用 Acrobat Pro QI 插件拼版 视频 28　使用 Kodak preps 软件拼版（操作视频）	
	工作工具	1. Preps 2. 数字流程软件 3. Acrobat Pro 软件 4. Adobe Illustrator 软件		

学生姓名： 班级： 日期：

续表

工作过程	知识类型	知识点学习内容	资源形式	学习进度
5. 校对印刷文件 ★ ★	核心概念	大版文件检查内容	视频 29 大版文件校对（操作视频）	
	工作原则	安全意识		
		质量意识		
	工作方法	检查核对大版文件	视频 29 大版文件校对（操作视频）	
	工作工具	1. Adobe Illustrator 软件 2. Acrobat Pro 软件 3. 爱普生打印机 4. 色彩管理软件		
6. 拓展内容 ★	拓展练习	单张双面拼大版操作（含正反版、自翻版）	视频 30 认识正反版和自翻版 视频 31 正反版拼版 视频 32 自翻版拼版 （操作视频）	
	素养提升	工匠精神之爱岗敬业	视频 33 工匠精神之爱岗敬业（动画）	

备注 1：学习进度状态标识：已完成√，未完成 × 。

备注 2：标识"星号"是指工作过程性任务的重要性与难度。低：★；中：★ ★；高：★ ★ ★。

1.1.3 获取资讯

为锻炼自学能力，根据学习要求，请同学们先自主学习、自主查询并整理相关概念信息。

关键知识清单如下：单页成品尺寸、分辨率、色彩模式、出血、安全位、单黑色、复色黑、拼大版、咬口、开料尺寸、印刷标记、拼版方式。

🎯 学习目标

目标1：正确查询或搜集关键知识清单中的概念性知识内容。

目标2：用自己的语言，初步描述关键知识清单中的概念性知识含义。

学生姓名：　　　　　　班级：　　　　　　日期：

🖎 学习活动

活动1：查一查

以小组为单位，通过阅读材料、网络查询和相关专业书籍查询，初步理解以上概念性知识。请将查询到的概念填写到下面（若页数不够，请自行添加空白页）。

📝 学习记录

🖎 学习活动

活动2：说一说

以小组为单位，在组长的带领下，请每位同学用自己的语言说一说对以上概念的理解，可以用图表形式记录下来。

📝 学习记录

✋ 小贴士

通过参与以上学习活动，理解相关的专业知识，获得收集资讯的能力，懂得分工、沟通与协作的能力。

学生姓名：	班级：	日期：

1.2 计划与决策

为了完成单页海报的印前处理与制作任务，需要制定合理的实施方案。

1.2.1 计划

🎯 学习目标

根据导师提供学习材料，能够制定项目实施方案。

学习活动：做一做

请先通过岗位调研或学习项目一学习指引视频，提出自己的实施计划方案（图1-5），梳理出主要的工作步骤并填写出来，尝试绘制工作流程图（可使用电子版表格填写，电子版表格模板请从本书素材中下载）。

📝 阅读材料

项目实施计划方案模板

为了完成_____项目学习任务，请你制订此任务的工作计划。

_____项目实施计划方案

1. 工作目标
  所需时间：
  完成任务：
  输出结果：
2. 工作过程

工作过程 1	步骤或流程图
工作过程 2	步骤或流程图
工作过程 3	步骤或流程图
工作过程 4	步骤或流程图
工作过程 5	步骤或流程图
……	……

3. 评价标准（参考学习目标）

4. 工作环境描述（任务场景）

5. 可能遇到的挑战或问题

图1-5 计划方案模板

学生姓名:　　　　　　班级:　　　　　　日期:

1.2.2　决策

🎯 **学习目标**

在小组长的带领下,能够筛选并确定小组内最佳任务实施方案。

🏃 **学习活动:选一选**

在学习组长的带领下,经过小组讨论比较,得出 2 个方案。导师审查每个小组的实施方案并提出整改意见。各小组进一步优化实施方案,确定最终的工作方案,并将最终实施方案填写下来。

📝 **学习记录**

👆 **小贴士**

通过以上学习活动,在制定实施方案过程中,提升归纳总结能力和团队协作能力。

学生姓名： 班级： 日期：

1.3 项目实施

为了完成单页海报处理与制作的学习任务，将从以下 5 个工作过程进行学习。

1.3.1 工作过程1：订单的接收与确认 ★ ★ [①]

🎯 学习目标

目标类型	学习目标	学习活动	学习方式
知识目标	能够识别工作文件夹的名称与作用	学习活动 1	自主学习 岗位学习
	能够懂得并获取客户文件的途径与方法	学习活动 2	课堂学习[②] 岗位学习[③]
技能目标	能够正确接收并确认单页印刷品拼版客户订单，输出的单页拼版文件线图和低精度 PDF 文件	学习活动 5 学习活动 6	岗位学习
素养目标	能够遵守商业保密规则	学习活动 3	课堂学习
	能够读懂项目工单，并与工艺员有效沟通，确认订单正确性	学习活动 4	课堂学习

👫 学习活动

活动1：写一写

由于公司工作流程规定文件需严格放置在正确的位置，因此工作第一天你需要了解工作文件的分类。为方便查询，公司文件夹通常以英文名命名（如图1-6所示），你能写出他们的中文名吗？并说一说他们的作用。

▼ 📁 ZSE2010003-01-E01
▶ 📁 10_Client
▶ 📁 20_Diecut
▶ 📁 30_Design
▶ 📁 40_Output
▶ 📁 45_Proof
▶ 📁 50_Report
▶ 📁 60_Others
▶ 📁 70_CTP

图 1-6 系统文件夹英文名

视频 2
认识工作文件夹

备注①：标识"星号"是指工作过程性任务的重要性与难度。低：★；中：★ ★；高：★ ★ ★。

备注②：课堂学习是指，将系统化的新知识或新技能，由学校导师或岗位导师在教室中或工作岗位上，通过面对面教学的形式使学生完成学习的过程。

备注③：岗位学习是指在实际的工作岗位上，学生在导师的指导与反馈下，将新技能熟练化的学习过程。岗位学习练习次数应根据工作任务的难易程度，有间隔（至少隔1~2天）完成4~9次岗位练习活动。

学生姓名：　　　　　　班级：　　　　　　日期：

学习活动

活动2：选一选

请选出获取客户文件的途径有哪些（　　　）。

A．百度网盘

B．邮件

C．FTP

D．U盘拷贝

E．QQ发送

视频3
客户文件下载途径

思考：请你说明选择此选项的理由，并写在下面方框内。

学习记录

学习活动

活动3：谈一谈——案例分析　　　工作素养：遵守商业保密原则

以学习小组为单位，谈一谈以下4个案例中主人公的做法哪些正确，哪些不正确。为什么？

案例1：

小张在某包装印刷企业印前部门工作，上午他接收到了客户新研发的产品包装设计，感觉特别有创意。下班后，跟同行朋友一起吃饭，他忍不住跟朋友分享了这个产品设计的相关信息。

案例2：

阿亮是一名初级印前工程师，有一天被老乡拉去吃宵夜，推杯换盏几个来回，老

学生姓名：　　　　　班级：　　　　　日期：

乡说："最近你不是在给××公司打样嘛，能不能把资料拿出来？我有个好朋友也是做包装的，如果能帮忙抢到这个客户，绝对给你大把好处。"阿亮心里咯噔一下，脑子清醒不少，假意与老乡周旋一番便告辞了。第二天，阿亮将此事告知领导，并建议公司做好防御措施，加快打样速度。最终，公司成功获取订单。阿亮的事迹被宣扬出来，大家都对他赞不绝口。

案例3：

印前工程师小亮的稿件屡遭客户退回，一怒之下将设计稿发布到某网站，并配文吐槽：被愚蠢的客户嫌弃的设计图！几天后客户逛网站发现了这个帖，恼怒异常，直接投诉到公司最高层领导。最终，公司赔偿数10万元，而该员工也被辞退。

案例4：

生产车间添置了一台新机器，机长小王欣喜之下跟机器拍了张合影，然后发微信朋友圈：这颜值、这速度，杠杠滴！15min后，小王被主管喊到办公室训斥："你看看你发的朋友圈，这照片泄露了多少商业信息？机器型号、客户的产品图，都被你透露出去了！赶紧删帖！"由于处理及时，并未给公司及客户造成损失，但小王仍然需要写检讨书，并在公司内部张贴。

✋ 小贴士

保密原则的要求：

1. 每位员工均需承担保密义务并需与公司签订保密义务协议书。

2. 保密范围包括但不仅限于以下范围：一切与公司产品、公司业务有关的经营和技术信息，产品质量和数量标准以及分析方法，生产和包装所用的机器设备的规格和设计，有关市场销售、应收账款、客户情况、竞争对手情况，工资及各项补贴等。

3. 员工在与公司终止劳动合同时，须将全部书面机密材料交还公司。

4. 对于违反公司保密义务协议书的行为将被视为严重违反公司规章制度的行为，公司有权对员工进行处分，直至解除劳动合同。除此之外，公司有权追究因违反此协议而直接或间接导致公司任何损失的责任，有权要求员工赔偿。

视频4 法律意识：商业保密原则

学生姓名：　　　　　班级：　　　　　日期：

 学习活动

活动4：演一演——角色扮演　　素养能力：协作与沟通

在小组长的带领下，阅读项目工单信息，完成以下实训任务。使用"角色扮演"的方式分工协作，"如何对接工艺员完成接收客户文件（订单）"任务。

- 活动目标：接收到的客户单页海报订单，与工艺员沟通并共识订单的关键信息。
- 活动组织：小组角色分工
- 活动内容：查看系统中项目工单，发现没有客户文件，找到工艺员进行沟通确认。
- 活动时间：15～20min
- 活动工具：电话、项目工单

学习记录

学生姓名： 班级： 日期：

 阅读材料

项目工单

项目工单（图1-7）就是公司下达的订单任务，初学者先要学会看工单，才能着手工作。每个公司的项目工单形式不同，但主题内容基本一致。我们以这份项目一的工单为例进行学习。

项目工程单			
客户名称	中荣印刷集团股份有限公司		
产品名称	建党 100 周年海报		
订单号	PDM2107001-01-SJ		
业务员	小张	方案经理	小李
文件来源	客户来新文件 ☑ 客户旧文件 □		
	FTP □		
	U 或光盘：□	邮件：□	
色样	色样类别：按文件	色样文件路径：	
	是否要调色/跟色：□	跟色文件跟径：	
结构尺寸	是否需要结构设计□ 成品尺寸：148mm×210mm 单页单面		
颜色	4 色印刷，按客户文件		
纸张	纸张克重：157g/m^2 纸张类别：双铜纸 纸张品牌： 特种纸□		
油墨	普通油墨：☑ UV 油墨：□ 油墨品牌： 特殊油墨：		
工艺流程	胶印→裁切		
出样类别	成品样□ 数码稿☑ 数量:1份		
操作人： 日期：		检验人： 日期：	

图 1-7 项目一 工程单

学生姓名：　　　　　　班级：　　　　　　日期：

阅读材料

客户名称和产品名称：工单上有常用客户名称和产品名称，接收订单和做任务时需要仔细核对，是否与公司和产品相对应。

订单号：为方便公司系统数据管理，通常每个订单都有一个订单号，比如这个订单的订单号是PDM2107001-01-SJ，PDM代表系统名称，2107代表2021年7月，001代表第一单，-01代表第一款产品，-SJ代表设计部。

业务员和方案经理：工单上的业务人员是负责与客户对接的业务员。工单上的方案经理是公司负责制定和审核这个订单方案的负责人，印前工程师对接的工作人员通常是这两位。有客户文件问题需要找业务员对接，如果出现方案上的问题需要咨询方案经理。

文件来源：是指订单的客户文件或其他辅助文件存放地址，订单有可能有客户新文件，也可能有用客户的旧文件。如果新文件，有可能通过FTP或网盘下载，也有可能是客户提供U盘或光盘。接收订单时根据工单上的方式获得客户文件。我们项目采取的是百度网盘提取文件，因此工单上有提供网盘地址和密码。

色样：这个主要针对有提供色样的订单，处理的文件有可能需要根据色样进行调色和修改。项目一海报没有色样。

结构尺寸：这个选项是要特别注意核对的，客户提供的源文件，结构和尺寸可能都不标准，有些还会有严重错误，需要反复核对和确认。因为尺寸一错，全部的印刷产品都成了废品，会造成巨大损失。海报项目重点关注成品尺寸为148mm×210mm，如果是纸盒，除成品尺寸外还要关注纸盒结构，此外还要关注印刷品的页数，是单面印刷还是双面印刷等。

颜色：印前人员需要清楚客户订单使用的颜色数量，尤其针对文件中的专色，对客户文件进行仔细检查和调整。这个海报项目要求4色印刷，按客户文件提供的颜色即可。

纸张：纸张关系客户文件图是否要做白墨和其他特殊处理，比如如果是白色铜版纸可以不管白墨问题，但如果是牛皮纸或是镭射卡纸，极有可能需

学生姓名：　　　　　班级：　　　　　日期：

要单独制作白墨图层。比如项目一 海报用的是157g/m² 铜版纸印刷，不存在白墨处理问题。

　　油墨：通常使用的油墨是普通油墨或UV油墨，如果客户选择了特殊油墨，有可能涉及印前的色彩管理曲线调整。

　　工艺流程：产品的工艺流程关系到印前文件是否要留出血位，是否需要做特殊的图层处理，比如烫金、击凸、局部UV上光操作等，都需要做单独制作图层。海报印刷在胶印后直接裁切，印前文件只要做好裁切线标识即可。

　　出样类别：指的是提供给后续生产工序参考的打样稿，可能是一个成品样，比如这个纸盒要切割成型，也可能是一个数码样，只需要用数码打印机或数码印刷机印刷样稿即可。对于海报类的项目，通常提供数码样即可。

学习活动

活动5：练一练

学习操作视频内容后，请你在10～15min内独立完成以下操作：

1. 读懂项目工单，下载客户源文件。

2. 提取素材文件中线版，单独保存图层。

3. 将客户文件输出一个低精度的 PDF 文件。

视频5
订单接收操作

小贴士

　　1. 线板：客户源文件提供时，通常也会给一个线板，但是此线板不是标准线板，不能用于生产。对于单页印刷品，线板就是成品线，需单独做图层，并修改属性；对于纸盒文件，线板是纸盒的结构线，需要存储ard格式，提交给结构组的人员参考，方便制作标准线板，用于生产。

　　2. 低精度 PDF 文件：分辨率降低到 100 dpi 或150dpi的PDF文件。在公司 PDM 系统中，将线版和低精度 PDF 文件上传系统，给工程部人员检查确认。此处给工程部人员的文件不需要印刷，为方便传输，因此可把分辨率降低到 100 dpi 或150dpi。

学生姓名：　　　　　　班级：　　　　　　日期：

课后练习

活动6：做一做　　　　岗位学习

请根据岗位导师安排和提供的学习素材（本书素材链接地址下载），独立完成"接收订单"练习任务。请将岗位练习成果总结整理，放置活页教材中，并在下次辅导时提交给导师。如遇到疑问或挑战，及时咨询岗位导师。

1.3.2　工作过程2：客户文件的审核★ ★

学习目标

目标类型	学习目标	学习活动	学习方式
知识目标	能够辨识客户文件的类型	学习活动 1	课堂学习
	能够理解印刷字体的用法	学习活动 2	岗位学习
技能目标	能够审核并解决图片链接和字体问题	学习活动 3 学习活动 5	岗位学习
素养目标	能够与客户良好沟通并解决文件问题	学习活动 4	课堂学习

学习活动

活动1：找一找

请在图1-8中，辨识客户文件的类型，并标出哪个文件是用来印前制作编辑的。

图 1-8　文件的类型

小贴士

文件格式使用场景分类，如图1-9所示。

素材	印前文件	给客户看的方案
数码相机拍摄的图（JPEG）	TIFF（便于保存位图）	GIF（便于网上看稿）
扫描得到的图（TIFF、JPEG）	EPS（便于保存矢量图）	PNG（便于网上看稿）
图库里的位图（TIFF、JPEG）	Dcs 2.0（便于保存专色）	JPEG（便于网上看稿）
从网上下载的位图（JPEG、PNG、GIF）	各种排版软件保存文件的默认格式（直接出片）	PDF（便于打印）
从网上下载的矢量图（EPS、AI、CDR）	PDF（直接出片，可嵌入字体）	
图库里的矢量图（EPS、AI、CDR）		

图 1-9　文件格式使用场景分类

视频 6
认识文件格式

学生姓名：   班级：   日期：

学习活动

活动2：写一写

（1）请写出 5 种以上常用中、英文印刷字体，并解释这些字体通常用于什么场合。

学习记录

（2）请判断并写出图1-10中文字是什么字体。

印刷 包装 色彩 设计

_____ _____ _____ _____

图 1-10　不同字体

小贴士

字体的应用：印前文件经常会因为字体应用不当，而出现文字问题，具体内容请看视频学习。应用字体时特别注意以下几点：

1. 字体不侵犯知识产权。
2. 字体的中英文搭配正确。
3. 字体的下载与安装。
4. 文件正式出版时，将文字转曲线，但未转曲的文件也一定要保留一份，方便后期修改。

视频 7
认识文字字体

学生姓名：　　　　　　　　班级：　　　　　　日期：

 学习活动

活动3：想一想

当打开文件时，出现下图的问题对话框，如图1-11、图1-12所示。在小组长带领下，讨论分析该问题产生的原因，该如何解决？

图 1-11　文件异常问题 1

图 1-12　文件异常问题 2

小贴士

图片链接问题：Adobe Illustrator软件中的图片分为两种类型：链接图和嵌入图。①链接图：图文不嵌入在软件内，是保存图片存储路径的方式。优点是文件存储空间比较小，图片修改防范，如果想要替换图片，只要重新更改链接就可以了。缺点是文件和所链接的图片必须一起打包保存，不然会出现链接丢失，图片不能显示；②嵌入图：图片嵌入在软件内，文件打开就能显示，缺点是文件存储空间会比较大。图片链接问题解决方法：要跟客户沟通，把文件和链接文件打包一起重新发过来。

印刷字体问题：字体就是字的形态或形体，不同的印刷出版物在不同的情况下需要用不同的字体来印刷出版。而供排版、印刷用的规范化文字形态，叫作印刷字体。印刷字体有很多种，客户提供的文字，若未进行文字转曲线，通常会出现字体缺失问题。字体问题解决方法：①下载并安装缺失的字体；②跟客户沟通，让客户发字体过来或者把文件字体转为轮廓线。

学生姓名：   班级：   日期：

 学习活动

活动4：演一演——角色扮演　　素养能力：与客户良好沟通

在小组长的带领下，进行"客户沟通"自主学习后，完成以下实训任务。以"角色扮演"的方式分工协作，讨论当客户文件出现图片链接或字体问题，该如何与客户沟通此问题，如何表达能够达到良好效果。

■ 活动目标：接收到的客户单页海报订单，与客户沟通订单出现的问题。

■ 活动组织：小组角色分工

■ 活动内容：查看客户文件，发现客户文件存在图片和字体问题，需要与客户良好沟通。

■ 活动时间：10~15min

■ 活动工具：电话、客户源文件

✎ 学习记录

小贴士

客户沟通技巧：

（1）清晰表达问题所在。

（2）少说"你"，多说"我们"或者"我"。

（3）帮助客户提供有效的解决方法或建议。

（4）语气耐心诚恳。

视频 8
客户沟通技巧

学生姓名：　　　　　　班级：　　　　　　日期：

👥 学习活动

　　活动5：练一练

　　学习操作视频内容，判断工作过程1下载的项目—建党100周年海报是否存在图片和字体缺失问题，如果有问题，请正确处理和解决。

视频 9
图片和字体缺失问题

📝 学习记录

👥 课后练习

　　活动6：做一做　　　　👥 岗位学习

　　请根据岗位导师安排和提供的学习素材（本书素材链接地址下载），独立完成"文件审核"练习任务。请将岗位练习成果总结整理，放置活页教材中，并在下次辅导时提交给导师。如遇到疑问或挑战，及时咨询岗位导师。

📝 学习记录

学生姓名：　　　　　班级：　　　　　日期：

1.3.3　工作过程3：印刷文件的处理 ★ ★ ★

🎯 学习目标

目标类型	学习目标	学习活动	学习方式
知识目标	能够理解图像分辨率和颜色模式定义和用法	学习活动 1 学习活动 2	课堂学习 岗位学习
	能够理解出血位与安全位的作用	学习活动 4	
	能够理解印刷中黑色的用法	学习活动 5	
	能够理解叠印的用法	学习活动 6	
	认识海报用纸张材料	学习活动 10	
技能目标	能够正确判断并修改图像分辨率和颜色模式以符合印刷要求	学习活动 3	课堂学习 岗位学习
	能够正确判断并修改文件中的出血位与安全位，以符合印刷要求	学习活动 4	
	能够正确判断并修改文件中的黑色文字或图形以符合印刷要求	学习活动 5	
	能够正确判断文件中的文字高度和线条粗细对印刷要求的符合性	学习活动 6	
	能够正确判断颜色数量	学习活动 7	
	能够正确操作数码打样的软件和设备	学习活动 11	
素养目标	能够遵守打印机的安全操作规范	学习活动 9	课堂学习

📝 阅读材料

DTP 文件检查细则表

　　DTP文件检查细则表（图1-13）是用来检查和校对单版印刷文件的参考用表格，里面列出了详细的单版文件需要检查的内容，根据不同产品要求，检查内容可进行筛选。工作过程3文件处理环节，主要检查以下表格中的指

学生姓名: 　　　　　　　　班级: 　　　　　　　　日期:

标是否符合要求，不符合则需要逐一修改。等工作过程3 文件处理结束后，大家会得到处理完的单版文件，请按表格指标再次检查，是否符合标准，并把检查结果填入表中。

单页印刷品单版文件

DTP 文件检查细则表

作业完成人: 　　　　　　　　检查人员: 　　　　　　　　日期: 　　　　　　

检查事项	要求	检查结果
文件尺寸	符合订单要求	
线板	线板是否为专色做叠印，单独图层	
文字	是否缺字体 是否文字转曲线	
图片	是否缺连接图	
出血位	是否有做 3mm 出血位	
安全位	离成品线 2mm 安全位内不能有重要的文字图案	
图像颜色模式	是否 CMYK	
图像分辨率	不小于 300ppi	
文字大小	最小文字高度 > 1.2mm	
细线条粗细	最细线条度 > 0.15	
黑色文字与线条	是否单黑做叠印	
颜色数量	有没有多余的专色	
文件格式	有没有保存源文件: 有没有导出低精度 PDF	

图 1-13　单页印刷品单版文件 DTP 文件检查细则表

 小贴士

　　DTP 文件检查表: 公司用来进行印前单页文件处理和检查的参考用表。作为新入职员工，在做文件处理时，需要根据检查表上的项目对文件进行逐项检查和修改。

学生姓名：　　　　　班级：　　　　　日期：

学习活动

活动1：想一想，练一练

（1）印刷使用的图像分辨率应该是（　　　）ppi。

A．高于150　　　　B．高于200　　　　C．高于250　　　　D．高于300

（2）如果客户提供的图片，分辨率低于300ppi，一定不能使用吗？为什么？

学习记录

（3）通过学习视频内容，描述如何判断一张图片的分辨率是否合格，还有其他方法可以判断吗？请记录在下方学习记录中。

学习记录

小贴士

　分辨率的概念：是指每英寸或厘米所含像素的个数，单位ppi。代表影像的清晰度，分辨率越高代表影像质量越好，越能表现出更多的细节；但分辨率越大，随之文件也就会越大。想了解更多分辨率的知识可扫描学习微课视频。

视频 10
图像分辨率

学生姓名：　　　　　　班级：　　　　　　日期：

学习活动

活动2：想一想

（1）判断以下颜色模式，哪个适合印刷（　　　）。

A．CMYK　　　　B．RGB　　　　C．LAB　　　　D．索引模式

（2）学习视频内容，请描述常见颜色模式有哪些，分别适用于什么场合？记录在下方学习记录中。

视频 11
认识图像颜色模式

学习记录

（3）请思考，为什么颜色模式需要分场合使用，而印刷只能用CMYK模式？记录在下方学习记录中。

学习记录

学生姓名：　　　　　　班级：　　　　　　日期：

学习活动

活动3：练一练

学习操作视频内容，判断项目一中国共产党成立100周年海报中图像分辨率和颜色模式是否符合要求，如果不符合，请修改。

视频 12 检查和修改图像分辨率与颜色模式

学习活动

活动4：练一练

学习操作视频内容，判断项目一中国共产党成立100周年海报中的出血位与安全位是否符合印刷要求，如果不符合，请修改。

视频 13
检查和修改出血位与安全位

小贴士

出血位的概念：为了避免裁切或折叠时边缘漏白，必须让紧贴裁切线和折线的色块、线条、图片超过裁切线或折线几毫米，超过的部分就叫"出血位"，一般取3mm（图1-14）。

安全位的概念：安全位指的是印前文件中的重要文字、图形、图像离裁切线必须有一定的安全距离，一般为2mm以上，以避免裁切时重要的内容被切除（图1-15）。

视频 14
理解出血位与安全位

图 1-14　文件出血示意图

图 1-15　文件安全位意图

学生姓名： 班级： 日期：

 学习活动

活动5：写一写、练一练

（1）请判断以下哪种情况为单黑色（　　　）。

A．C10 M0 Y0 K0　　　　　B．C30 M0 Y0 K100

C．C100 M100 Y100 K100　　D．C0 M0 Y0 K100

（2）学习操作视频内容，判断项目—中国共产党成立100周年海报中是否存在不符合印刷要求的黑色文字或图形，如果不符合，请修改。

视频 15
检查与修改黑色
文字

📝 学习记录

📝 阅读材料

印刷中的黑色

单黑色的概念：填充K100的黑。用于黑色的文字、线条和小色块，或白色图文的黑底色，单色黑不含其他油墨，可避免套准的问题，文字笔画和线条可以很细。单色黑使用时必须注意制作叠印，避免露白。

双色黑的概念：在100%单色黑中加入40%左右的青色。多使用在大面积

学生姓名：　　　　　　班级：　　　　　　日期：

底色黑图形上，可以增加底色黑的深度，降低印刷难度。

复色黑的概念：由多种彩色成分组成的黑色，多用于彩色文字、线条、色块底下的黑背景。

套版黑的概念：由多种彩色成分组成的黑色，且每种颜色都是实地100%的比例。套版色黑只能用于裁切标记、折叠标记、套准标记等页面外的标记线。

叠印的概念：叠印又称压印或者直踩，是指将一种颜色印在另一个颜色之上，一般上面色是黑色或遮盖力特强的颜色，抑或者烫金、烫银可以采用叠印。叠印可以避免露白。

套印的概念：为了避免油墨混合，通常两个对象重叠时，将交界处后面的颜色镂空，使得上下油墨不混合。

视频 16
认识印刷中的黑色

视频 17
认识印刷中的叠印

👫 学习活动

活动6：练一练

学习操作视频内容，判断项目一中国共产党成立100周年海报中文字高度和线条粗细是否符合印刷要求，如果不符合，请修改。

视频 18
检查和修改小文字
与细线条

✋ 小贴士

小文字大小要求：为使文字能印刷清晰，文档中的文字大小高度要不小于1.2mm。

细线条粗细要求：为使线条能印刷清晰，文档中的细线条粗细要不小于0.1mm。

学生姓名： 　　班级： 　　日期：

学习活动

活动7：写一写

根据图1-16所示，辨别并标识出颜色数量，此文件使用了（　　　）色印刷。

图 1-16

学习记录

学生姓名： 班级： 日期：

 阅读材料

印刷的色彩数量判断

设计师根据产品情况和成本，可使用四色印刷、专色印刷、双色印刷和单色印刷等多种颜色数量的印刷方式。

四色印刷：印刷文件只通过黄（Y）、品（M）、青（C）和黑（K）四种颜色来进行彩色印刷的一种方式。

专色印刷：是指采用黄、品红、青和黑墨四色墨以外的其他色油墨来复制原稿颜色的印刷工艺，是专门调制设计中所需的一种特殊颜色。可单独使用，也可与四色印刷配合使用，成为5色或以上的印刷方式。

双色印刷：是指用两种专色进行套印的印刷方式。

单色印刷：是指利用一版印刷，它可以是黑版印刷、色版印刷，也可以是专色印刷。

在矢量软件中，我们可以通过"分色预览"观察和判断文件使用的颜色数量。打印时以此判断打印分色墨稿的数量。

视频 19
判断印刷颜色的数量

学生姓名：　　　　　班级：　　　　　日期：

学习活动

活动8：找一找，练一练

学习视频内容，在Adobe Illustrator软件中查找项目一建党100周年海报中颜色的数量，判断打印分色墨稿的数量。如果有多出的专色请转为四色。

视频 20
专色改四色操作

学习记录

学习活动

活动9：想一想　　素养能力：遵守打印机安全规范

情境1：

在打印海报文件过程中，发现纸张选择错误，请分析造成后果是什么。

学习记录

学生姓名：　　　　　　班级：　　　　　　日期：

情境2：

在打印海报文件过程中，出现打印机报警现象，分析造成原因并提出解决办法。

 学习记录

 学习活动

活动10：说一说

根据导师提供的纸张，说出纸张类型，选出一种最适合海报印刷的纸张。

视频 21
认识海报用的纸张

 学习记录

 学习活动

活动11：写一写、做一做

（1）学习操作视频内容，请分析并绘制数码打印机打印墨稿的流程图，绘制在下面方框中，写出安全操作要点。

视频 22
单页海报数码打印

 学习记录

学生姓名： 班级： 日期：

（2）使用数码打样的软件和设备，将工作过程3中完成的单页海报电子稿打印成墨稿。

✍ 学习记录

👥 课后练习

活动12：做一做   🧑‍🏫 岗位学习①

请根据岗位导师安排和提供的学习素材（本书素材链接地址下载），独立完成"印前文件处理"中海报打样的学习任务。请将岗位练习成果总结整理，放置活页教材中，并在下次辅导时提交给导师。如遇到疑问或挑战，及时咨询岗位导师。

✍ 学习记录

备注①：岗位练习是指在实际的工作岗位上，学生在导师的指导与反馈下，将新技能熟练化的学习过程。
　　　　岗位练习次数应根据工作任务的难易程度，有间隔（至少隔1~2天）完成4~9次岗位练习活动。

学生姓名：	班级：	日期：

1.3.4 工作过程4：拼大版印刷文件 ★ ★ ★

🎯 学习目标

目标类型	学习目标	学习活动	学习方式
知识目标	能够正确理解拼大版文件的概念与作用	学习活动 1	课堂学习 岗位学习
	能够正确理解并使用咬口的概念	学习活动 2	
	能够正确理解纸张原材料的开料尺寸	学习活动 3	
	能够读懂拼版作业指导书	学习活动 4	
技能目标	能够从成本节约角度，计算单张海报最优拼版方案	学习活动 5	课堂学习 岗位学习
	能够正确执行拼版并输出大版文件的操作	学习活动 6	课堂学习 岗位学习
素养目标	能够在拼大版文件时，正确理解并应用成本节约的原则	学习活动 1	课堂学习

🧗 学习活动

活动1：说一说　　素养要求：遵守成本节约的原则

小组讨论：什么是拼大版？为什么要拼大版？如何做好在拼大版时遵守成本节约的原则？

📝 学习记录

降低成本 = 利润

💡 小贴士

成本意识：是指节约成本与控制成本的观念，是了解成本管理的执行结果，通过控制成本，可以有效地将成本控制在一定范围内，从而达到企业或个人的利益最大化。

成本节约原则：拼大版文件时，在满足客户、生产和技术要求的情况下，遵守节约成本原则，是一名优秀印前处理与制作工程师应具备的职业素养，也是成为优秀印前工程师应具备的商业经营能力重要体现。产品利润既来源于销售量，也取于成本的节约。所以，应树立"降低成本=利润"的工作理念。

学生姓名:　　　　　　班级:　　　　　　日期:

学习活动

活动2:说一说

通过阅读材料或网络查询理解什么是"咬口",并画图表示。

学习记录

活动3:想一想

小组讨论:什么是开料尺寸?纸张原材料买回来,为什么要"光边"(把周围的毛边切除)?

学习记录

学习活动

活动4:说一说

根据生产作业指导书,识别相关信息,说一说拼大版时,生产作业指导书哪几个参数需要重点关注。图1-17生产作业指导书中,印刷品的尺寸是(　　　),拼版的开料尺寸是(　　　),采用拼版方式是(　　　)。

学生姓名:　　　　　　班级:　　　　　　日期:

生产作业指导书			
客户名称	中荣印刷集团股份有限公司	QAD 物料号	000111
产品名称	建党 100 年海报	成品规格	14.8cm×21cm
文件路径			
线板路径			
纸张用料	157g 双铜纸　　787mm×670mm　　开度:1 开		
版材规格	785mm×1040mm		
开　料	78cm×66.5cm（15 版）		
拼版方式	横 5 版,直 3 版,共 15 版,开位上下左右 0.5cm		
工艺流程	平印正面 4 色→切成品		
交付资料	提供文字/规格样一张,颜色样一套		
油　墨	PHCO-1500 红、PHCO-2500 黄、PHCO-3500 蓝、PHCO-5500 黑		
印　刷	平印正面 4 色,印刷颜色按客户确认的色样		
印刷机台	100201/普通印刷机组		
表面处理			
裁　切	按样切成品,规格:14.8cm×21cm		
粘　合			
包　装	纸箱		
备　注			
出样:　　　制表:　　　日期:　　　审核:　　　日期:			
补充:如各部门有特别资料需登记的,请在以下表格内登记并签名确认			
计 划 部			
版　房			
彩　印			
啤　合			
其　他			
此行只供版房使用,其他部门无须填写			
完成日期:			
操作人:　　　日期:　　　检验人:　　　日期:			

图 1-17　项目一　生产作业指导书

学生姓名：   班级：   日期：

 阅读材料

拼大版文件

1. 什么是拼大版？

拼大版，顾名思义就是把许多小的页面拼成一个大的印刷版面。拼大版在印刷中的作用就是确定最合理的印刷方式，以节省材料，缩短印刷时间。现在主要采用数字化的拼版方式，也就是在计算机上利用相关软件把各个版面拼在一起。数字化拼大版是印刷生产流程中重要的工艺环节，它是根据印刷和印后加工工艺的要求，合理地在版面上安排页面，从而达到最有效利用纸张的目的。

视频23
认识拼大版文件

2. 拼大版需要考虑哪些因素？

因素1：考虑咬口位置和色标色带的尺寸（根据机器加工幅面）。

因素2：考虑纸张尺寸（根据市面上能采购单额纸张规格，通过计算考虑是用大度规格纸还是正度规格纸）。

因素3：考虑纸张使用率（选择竖版放置还是横版放置）。

3. 拼大版文件中包含哪些元素？

拼大版文件的版面上通常包括印刷产品、纸张开料、纸张方向、常用印刷标记，文件信息等，如图1-19所示。

纸张开料：纸张原材料买回来，需要"光边"，如图1-18所示，把周围毛边切除，因此开料尺寸要比毛尺寸（纸张买回来的尺寸）要小。

咬口位：是印品的前端，又叫牙口，是印刷机叼纸时的位置，对开机一般是8~11mm（700机是11~12mm），全开机一般是11~14mm。咬口位不能放置印刷图案，印不出来。

图1-18 光边

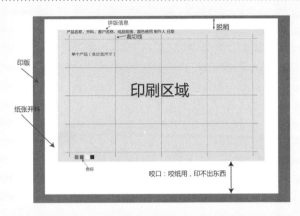

图 1-19 拼版版面示意图

印刷标记：包括裁切标记，折页标记和套准标记等，如图1-20所示，一般放在出血范围之外。长度一般为3mm，粗细0.2mm，采用套版色填充。版面拥挤时也可以减少到1mm。有时候裁切标记也叫"裁切线""成品线"或"针位"。

角线：长度 3mm 　　　　裁切线：长度 3mm 　　　　套准十字线：长度 6mm，
　填充套版色 　　　　　　填充套版色 　　　　　　　圆直径 3mm，填充套版色

图 1-20　印刷标记

色带色标：公司根据印刷机不同使用的标准也不同，请仔细查看公司拼版规则，如图1-21所示，再选择使用。

色带必须在纸张里面，并且版面居中

色标宽度4mm

名称	纸张幅面	色带尺寸	墨键	色块尺寸
506 印刷机色带	四开	720mm×7mm	24	4mm×4mm
对开印刷机色带	对开	1020mm×7mm	36	4mm×4mm

图 1-21　拼版色带色标

学生姓名：　　　　班级：　　　　日期：

　　文件信息：包括文件名称（订单编号）、制作日期、制作人、颜色信息等内容。通常公司由做好的脚本，直接添加，修改信息即可。

视频24
认识拼版标记

　　4. 拼大版通常使用什么工具软件？

　　拼版通常有两种方式，一种是通过图形软件如Adobe Illustrator\Coreldraw\Indesign等软件拼版，通常用于单页产品或简单的多页产品；另一种是通过专业流程软件拼版如Preps\PDF插件Quite Imposing Plus\各公司数字流程软件（通常用于多页产品拼版）等。根据产品需求，可选择不同的拼版软件拼版。

学习活动

活动5：做一做

通过学习视频内容，计算下面两个案例节约成本的最优拼版方案。

视频25 单页产品
拼版方案设计

　　案例1：优惠券成品尺寸150mm×54mm，157g双铜纸双面印刷，使用最大幅面为488mm×320mm幅面的数码印刷机印刷，请计算合适的开料尺寸，并设计拼版方案，标明开位尺寸（拼版间隔）。

　　案例2：宣传单成品尺寸210mm×285mm，双铜纸双面印刷，对开幅面印刷机印刷，请计算合适的开料尺寸，并设计拼版方案，标明开位尺寸（拼版间隔）。

学习记录

学生姓名：　　　　　班级：　　　　　日期：

📖 学习活动

活动6：做一做

通过学习视频内容，根据生产作品指导书单提供拼版信息，使用不同的软件（下列任选一种）完成单页海报文件的拼版，并输出单页海报的拼大版文件。拼版使用的单版文件为工作过程3完成的文件。

视频 26
使用 AI 软件拼版

视频 27
使用 Acrobat Pro QI 软件拼版

视频 28
使用 Kodak preps 软件拼版

📝 学习记录

📖 课后练习

活动7：做一做　　　👥 岗位学习

请根据岗位导师安排和提供的学习素材（本书素材链接地址下载），独立完成单页单面海报"文件拼大版"任务。请你将岗位练习成果总结整理，放置活页教材中，并在下次辅导时提交给导师。如遇到疑问或挑战，及时咨询岗位导师。

📝 学习记录

学生姓名：　　　　　班级：　　　　　日期：

1.3.5　工作过程5：印刷文件的校对 ★

学习目标

目标类型	学习目标	学习活动	学习方式
知识目标	能够正确理解大版文件检查的要求和内容	学习活动 2	课堂学习岗位学习
技能目标	能够根据大版文件检查要求，执行拼大版文件检查	学习活动 1 学习活动 3	课堂学习岗位学习
素养目标	能够具有质量意识，正确理解产品质量对企业的意义	学习活动 2	课堂学习

学习活动

活动1：做一做

根据提供的拼大版的图片（图片素材可从本书素材链接地址下载），检查并标识出上面的问题。

视频 29
大版文件校对

学习记录

学习活动

活动2：说一说

小组讨论：从哪些方面对印刷大版文件进行校对？校对时常见的错误是什么？若校对时没有发现错误会对生产造成什么影响？

学习记录

学生姓名：　　　　　　　班级：　　　　　　　日期：

课后练习

活动3：做一做　　 岗位学习

请根据岗位导师安排和提供的学习素材（本书素材链接地址下载），独立完成"文件校对"的学习任务。请你将岗位练习成果总结整理，放置活页教材中，并在下次辅导时提交给导师。如遇到疑问或挑战，及时咨询岗位导师。

学习记录

1.4 检查与评价

学习活动：评一评

请根据导师提供的学习评价表，先自我评价，再由组长评价，导师根据学习过程对每位学生整体做评价。

- 活动名称：学习质量评价。
- 活动目标：能够正确使用学习评价表，完成学习质量的评价。
- 活动时间：建议时长 10 ~ 15min。
- 活动方法：自我评价+小组评价+导师评价。
- 活动内容：根据学习过程数据记录，自我评价、小组评价和导师评价。若评价过程发现自己和小组他人的错误点，请记录错误的原因，改进方法或建议等。
- 活动工具：学习评价表。
- 活动评价：提交评价结果+导师反馈意见。

小贴士

学习不是吃了多少，而是消化了多少！

学生姓名：	班级：	日期：

先根据评分（表1-5）表梳理操作整合环节，进行自我评价，结束后将交给组长进行小组评价。

表 1-5　项目学习的检查与评价

班级		项目名称		第___组 学生姓名	
具体项目任务及考核（满分 100 分）					
项目任务	考核指标（打√）		自我评分	组长评分	导师评分
资讯阶段 （15分）	查找与项目有关的资料　□ 主动咨询　□ 认真学习项目有关的知识技能　□ 团队积极研讨　□ 团队合作　□				
计划与决策阶段 （15分）	1. 完成计划方案（10分） 计划内容详细　□ 格式标准　□ 思路清晰　□ 团队合作　□				
	2. 分析方案可行性（5分） 方案合理　□ 分工合理　□ 任务清晰　□ 时间安排合理　□				
实施过程 （70分）	专业技能评价 （55分）	1. 接收并确认订单（6分）			
		能够正确识别工作文件夹　□			
		能读懂项目工程单　□			
		能正确下载客户文件　□			
		能够正确提取单页页线版　□			
		能够输出低精度 PDF 文件　□			
		2. 审核印刷文件（4分）			
		能够识别客户文件类型　□			
		能够检查字体、链接图是否缺失　□			
		3. 处理印刷文件（20分）			

学生姓名：　　　　　　　班级：　　　　　　　日期：

续表

项目任务		考核指标（打√）	自我评分	组长评分	导师评分
实施过程 （70分）	专业技能 评价 （55分）	检查并修改色彩模式与图像分辨率　□			
		检查并添加出血位　□			
		检查并添加安全位　□			
		检查并修改文字高度　□			
		检查并修改线条粗细　□			
		检查并修改黑色文字　□			
		能够检查和修改专色　□			
		4. 拼大版（10分）			
		能够识别拼版信息　□			
		能够进行单页单面拼大版计算和操作　□			
		5. 校对印刷文件（5分）			
		核对输出稿件与客户文件一致性　□			
		6. 产品质量（10分）			
		文字与原稿一致并符合印刷的要求　□			
		图片与原稿一致并符合印刷的要求　□			
		拼版与生产作业指导书要求一致　□			
		拼版文件的印刷标记齐全　□			
	方法与能 力考核 （5分）	分析解决问题能力　□ 组织能力　□ 沟通能力　□ 统筹能力　□ 团队协作能力　□			
	思政·素 养考核 （10分）	课堂纪律　□ 学习态度　□ 责任心　□ 安全意识　□ 成本意识　□ 质量意识　□			
		总分			

导师评价：

　　　　　　　　　　　　　　　　　　　　　导师签名：
　　　　　　　　　　　　　　　　　　　　　评价时间：

学生姓名：　　　　　　班级：　　　　　　日期：

🌫 1.5　总结与反馈

👫 学习活动1：反思与总结

学习反思与总结是最为重要的学习环节，请根据导师的要求，认真完成以下学习活动。

请先自我总结与反思，以课后作业的形式完成组内总结分享（请录制分享视频并提交），并制作PPT总结报告。

- 活动名称：学习反思与总结。
- 活动目标：能够在导师和小组长的带领下，完成PPT报告总结和视频总结。
- 活动时间：建议时长 30min。
- 活动方法：自我评价+代表分享+导师评价。
- 活动内容：请小组代表，运用PPT总结形式完成课堂分享。布置课后作业，要求每位学生在组内以PPT报告的形式完成学习经验的分享，并将分享过程录制成视频在下课堂前上交给学校导师。
- 活动工具：PPT制作学习总结报告。
- 活动评价：提交反思与总结结果+导师反馈意见。

 小贴士

学习评价：既是一种学习方法，又是对学习过程进行总结与反思的最佳时机。不论你现在对专业技能掌握程度如何，一定要学会多总结、多反思、多分享。过程中，主要是提升和训练你的综合职业能力，如：协作精神、沟通表达能力和职业精神等能力。

学生姓名：	班级：	日期：

学习活动2：评一评

以学习小组为单位，评出你所在的学习小组的同学最佳作品或成果和最佳学习代表，并记录自己本次小组任务完成好方面和有待改进的地方。

学习记录

1.6 拓展学习 岗位学习

1.6.1 拓展任务

同学们，在导师指导或视频指导下，我们已经学完了单张单面海报的项目案例制作，接下来依据完整工作流程，请独立完成拓展任务1中单页产品的印前处理与制作，并对最后的成果进行评价。

实际上单页印刷品串是单张双面的，比如三折页产品，双面的产品在文件处理部分与单面类似，但在拼版上难度加深，学有余力的同学，可以尝试一下挑战拓展任务2的练习。

学生姓名：　　　　　　班级：　　　　　　日期：

拓展任务1：请依据完成工作流程，独立完成单张海报的印前处理与制作（任务素材可在本书素材链接地址下载）。练习过程中有遇到任务问题，可记录在拓展学习记录中，必要时咨询导师，解决练习过程中的难题。

拓展学习记录

① 拓展学习：是指在实际的工作岗位上，学生在导师的指导下，独立地把学习到的新知识和新技能迁移到同等情境下另外难度级别的实训学习过程。

拓展任务2：请依据完成工作流程，完成三折页产品的印前处理与制作，并学习视频中的方法，进行单张双面拼版练习（任务素材可在本书素材链接地址下载）。

视频 30
认识正反版和自翻版

视频 31
单张双面拼版
操作—正反版

视频 32
单张双面拼版
操作—自翻版

拓展学习记录

学生姓名： 班级： 日期：

1.6.2 素养提升——工匠精神之敬业

视频 33
工匠精神之
爱岗敬业

学习视频内容，理解工匠精神中的爱岗敬业精神，谈谈你在工作岗位和学习过程中的爱岗敬业表现，举一到两个案例说明。

拓展学习记录

---

① 素养：是指在实际的工作岗位上或学习过程中，养成的职业素养。

项目二　多页印刷品的印前处理与制作

工匠精神之精益求精

精益求精，是从业者对每件产品、每道工序都凝神聚力、追求极致的职业品质。已经做得很好了，还要求做得更好，能基业长青的企业，无不是精益求精才获得成功的。

学生姓名：　　　　　班级：　　　　　日期：

🔁 **学习指引**

　　请你认真观看项目二学习指引视频，了解在项目二中，我们将要学习的内容，整体了解项目二学习过程，为后续学习做好准备。

视频 34
项目二 学习指引

🔁 **学习过程**

　　请认真阅读并理解学习过程与学习任务，在教师或导师的指导下完成以下学习任务。

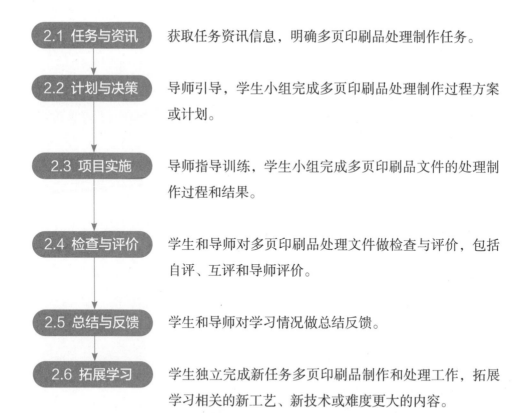

2.1 任务与资讯　　获取任务资讯信息，明确多页印刷品处理制作任务。

2.2 计划与决策　　导师引导，学生小组完成多页印刷品处理制作过程方案或计划。

2.3 项目实施　　导师指导训练，学生小组完成多页印刷品文件的处理制作过程和结果。

2.4 检查与评价　　学生和导师对多页印刷品处理文件做检查与评价，包括自评、互评和导师评价。

2.5 总结与反馈　　学生和导师对学习情况做总结反馈。

2.6 拓展学习　　学生独立完成新任务多页印刷品制作和处理工作，拓展学习相关的新工艺、新技术或难度更大的内容。

学生姓名：　　　　　班级：　　　　　日期：

2.1　任务与资讯

2.1.1　学习情境与目标

1　学习情境

客户提供的一份宣传手册设计文件，如图2-1所示，设计师已经设计排版好内容，但是有些地方不符合印刷要求，需要印前工程师进行处理和制作。前面我们已经学会处理单页类印刷品文件，请想一想，多页宣传手册文件该怎么处理呢？相比单页印刷品，多页印刷品要注意哪些更多的内容呢？

图 2-1　客户提供的宣传手册设计原稿

学生姓名： 班级： 日期：

② 学习成果

做完多页宣传手册项目，将得到3个项目成果，如图2-2、图2-3、图2-4所示，这3个项目成果需要交付给下个流程的工作人员，继续进入下一个生产环节。

图 2-2　项目成果 1 处理好的单版文件　　　　图 2-3　项目成果 2 拼大版的宣传手册

图 2-4　项目成果 3 宣传手册打样稿

🎯 学习目标

通过多页宣传册项目的学习，我们要掌握的学习目标如表2-1所示。

学生姓名： 班级： 日期：

表 2-1 学习目标

目标类型	学习目标
知识目标	
1	能够正确理解项目工单内容，识别多页产品尺寸、多页产品结构的基本含义
2	能够正确理解多页产品的装订方式、折页、配贴方式，页码编排方式等
3	能够读懂多页产品拼版生产作业指导书，理解拉规线、贴码的作用，认识多页产品拼大版版面，理解骑马订拼版要求
4	正确理解拼版质量标准，能独立检查拼版质量
技能目标	
1	能够独立接收并确认多页印刷品客户订单，输出低精度 PDF 文件，符合客户文件信息的要求
2	能够独立检查并处理多页印刷品的印刷文件，输出的单版印前文件，符合印前检查标准、工单信息和电子文件标准要求
3	能够进行多页产品的数码打样，进行折页、配帖、装订、裁切操作，制作出符合质量标准的样稿
4	能够进行多页拼版方案计算，进行多页文件拼大版，输出的大版文件，符合拼大版的印前检查表和工单信息要求
5	能够正确校对多页印刷文件，输出的大版文件墨稿，符合印前检查标准、工单信息和电子文件要求
素质目标	
1	进一步提升成本意识
2	在理解产品质量的意义的同时，进一步思考如何通过规范操作保证产品质量
3	能够理解精益求精的工匠精神内涵

2.1.2 学习方案

❶ 学习方案

为了达成项目的学习目标，请仔细阅读学习安排表2-2和项目知识体系表2-4，如有疑问或问题，先记录下来并咨询课程导师。

学生姓名： 班级： 日期：

表 2-2 学习安排表

学习方式	学习主题	学习时长	学习资源	学习工具
课堂学习	多页宣传手册	8 学时	课堂学习资料	1. 电脑（安装如下软件）：图形软件：Adobe Illustrator 图像软件：Photoshop 拼大版软件：Kodak preps 或者 Acrobat pdf pro QI 拼版 插件）
实训学习、岗位学习		8 学时	实训学习资料、岗位学习资料 项目素材	
自主学习、网络学习		2 周内	自主学习资料 工作手册 操作视频 练习素材	2. 数码打印机 3. 装订机 4. 切纸机

② 学生分组

学习分组说明：请你根据导师的分组要求，在规定的时间内完成学习小组组建和选举学习小组长。

学生任务分组如表2-3所示。

表 2-3 学习任务分组与分工

班级		组名		
小组成员	姓名	学号	姓名	学号
	角色：学习小组长（　　　　）			
	任务分工			
备注：				

学生姓名：	班级：	日期：

3 学习知识体系表

请阅读"表2-4学习知识体系表"内容，整体了解多页印刷品印前处理与制作的知识结构与学习路径。请根据学习过程与完成状态情况，在学习进度栏中标识出来。

表 2-4　学习知识体系表

学习主题	知识类型	知识点学习内容	资源形式	学习进度
1. 订单的接收与确认★ ★	核心概念	读懂项目工单，熟悉多页产品生产流程	视频 34 项目二学习引导（微课）阅读材料	
		多页产品结构与尺寸	视频 35 认识多页宣传册的尺寸和结构（微课）	
	工作原则	保密原则		
	工作方法和内容	接收与确认客户订单信息		
		输出并上传低精度 pdf 文件		
	工作工具	1. FTP 2. 邮件 3. 百度网盘 4. Adobe Illustrator 软件 5. Photoshop 软件		
2. 客户文件的审核 ★	核心概念	客户文件类型		
	工作原则	沟通的原则与方法		
	工作方法和内容	检查客户文件字体、链接图是否缺失		
	工作工具	1. Adobe Illustrator 软件 2. Photoshop 软件		
3. 印刷文件的处理★	核心概念			
	工作原则	符合生产印刷规范要求（公司 DTP 文件检查细则表）		
	工作方法和内容	根据"公司 DTP 文件检查细则表"检查和处理多页文件		
	工作工具	1. Adobe Illustrator 软件 2. Photoshop 软件 3. Acrobat Pro 软件		

学生姓名：　　　　　班级：　　　　　日期：

续表

学习主题	知识类型	知识点学习内容	资源形式	学习进度
4. 数码打样 ★ ★	核心概念	装订方式	视频 36 认识书籍装订方式（动画）	
		折页方式	视频 37 认识折页方式（微课）	
		书帖、配帖	视频 38 认识配贴（微课）	
	工作原则	符合生产工单要求		
	工作方法和内容	小样制作	视频 39 小样折叠（操作视频）	
		多页宣传册数码打样与装订	视频 40 多页产品数码打样和装订（操作视频）	
	工作工具	数码印刷机、装订机、切纸机		
5. 拼大版印刷文件 ★ ★ ★	核心概念	拉规线、贴码	阅读材料	
		爬移	视频 42 认识爬移（微课）	
		多页拼版版面信息	视频 43 认识多页拼版版面（微课）	
		拼版质量标准	视频 46 拼版质量标准解读（微课）	
	工作原则	成本节约原则		
	工作方法和内容	读懂多页产品拼版生产作业指导书	阅读材料	
		设置拼版模板信息	视频 43 设置拼版模板（操作视频）	
		多页宣传册拼版（骑马订）	视频 44 使用 Acrobat Pro QI 插件拼版（骑马订）视频 45 使用 Kodak preps 软件拼版（骑马订）（操作视频）	
		计算多页产品最优拼版方案	视频 47 多页产品拼版方案设计（微课）	
	工作工具	1. Kodak Preps 2. 数字流程软件 3. Acrobat Pro 软件		

学生姓名：	班级：	日期：

续表

学习主题	知识类型	知识点学习内容	资源形式	学习进度
6. 校对印刷文件 ★	核心概念			
	工作原则	安全意识、质量意识	视频 48　质量对企业的意义（微课）	
	工作方法和内容	打印并检查大版文件		
	工作工具	1. Adobe Illustrator 软件 2. Acrobat Pro 软件 3. 爱普生打印机 4. 色彩管理软件		
7. 拓展内容 ★	拓展练习	单张双面拼大版操作（含正反版、自翻版）	视频 47 胶订拼版操作（Kodak preps） 视频 48 胶订拼版操作（Acrobat Pro QI）（操作视频）	
	素养提升	工匠精神之爱岗敬业	视频 51 工匠精神之精益求精（动画）	

备注 ｜ 学习进度状态标识：已完成√，未完成 × 。

2.1.3　获取资讯

为锻炼自学能力，根据学习要求，请同学们先自主学习、自主查询并整理相关概念信息。

关键知识清单：多页产品尺寸、多页宣传册结构、装订位、骑马订、胶订、订口、折页、配帖、拉规线、贴码、爬移。

🎯 学习目标

目标1：正确查询或搜集关键知识清单中的概念性知识内容。

目标2：用自己的语言，初步描述关键知识清单中的概念性知识涵义。

🏃 学习活动

活动1：查一查

以小组为单位，通过阅读材料、网络查询和相关专业书籍查询，初步理解以上概

学生姓名：　　　　　　　班级：　　　　　　日期：

念性知识。

　　请将查询到的概念填写到下面（若页数不够，请自行添加空白页）。

📝 学习记录

👥 学习活动

　　活动2：说一说

　　以小组为单位，在组长的带领下，请每位同学用自己的语言说一说对以上概念的理解，并用图表形式写下来。

📝 学习记录

 小贴士

　　　通过参与以上学习活动，理解相关的专业知识，获得收集资讯的能力，懂得分工、沟通与协作。

学生姓名：   班级：   日期：

2.2 计划与决策

为了完成多页宣传册的印前处理与制作任务，需要制定合理的实施方案。

2.2.1 计划

学习目标

根据导师提供的学习材料，能够制定项目实施方案。

学习活动：做一做

请先通过岗位调研或学习项目二学习指引视频，提出自己的实施计划方案，梳理出主要的工作步骤并填写出来，尝试绘制工作流程图（可使用电子版表格填写，电子版表格模板请从本书素材中下载）。

学习记录

学生姓名：　　　　　　班级：　　　　　　日期：

2.2.2　决策

🎯 **学习目标**

在小组长的带领下，能够筛选并确定小组内最佳任务实施方案。

👫 **学习活动：选一选**

在学习组长的带领下，经过小组讨论比较，得出 2 个方案。导师审查每个小组的实施方案并提出整改意见。各小组进一步优化实施方案，确定最终的工作方案，并将最终实施方案填写下来。

📝 **学习记录**

👆 **小贴士**

通过以上学习活动，在制定实施方案过程中，提升你的归纳总结能力和团队协作能力。

学生姓名： 班级： 日期：

 2.3 项目实施

为了完成多页宣传册项目的学习任务，将从以下 6 个工作过程进行学习。

2.3.1 工作过程1：订单的接收与确认 ★ ★

🎯 学习目标

目标类型	学习目标	学习活动	学习方式
知识目标	识别多页宣传册的尺寸和结构	学习活动 1 学习活动 2	课堂学习 岗位学习
技能目标	正确接收并确认客户文件的信息	学习活动 3	岗位学习

学习活动

活动1：写一写

（1）在图2-5 中标识哪些是成品线，哪些是出血线。

（2）图2-6 多页宣传册的产品尺寸为（　　　）。

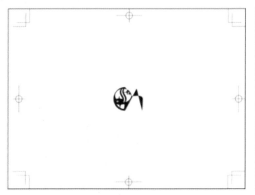

图 2-5

图中黑框尺寸为 420mm × 285mm、红框尺寸为 426mm × 291mm

图 2-6

小贴士

成品角线的概念：页面四角的"⌐"图形，一般起裁切标记的作用，也可以呈现"⌐"状。每组角线通常包括内、外侧各两条短线，内测两条指示裁切刀下刀位置，外侧两条指示出血的位置。

学生姓名：　　　　　　班级：　　　　　　日期：

学习活动

活动2：写一写

请在图2-7骑马订宣传册中，标识出封面（封一）、封底（封四）、封二、封三、内页，可直接标注在图片上。

图 2-7　骑马订宣传册

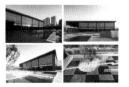

图 2-7　骑马订宣传册（续）

📝 阅读材料

1. 多页产品尺寸的概念

（1）什么是多页印刷品？

多页印刷品是指书刊类印刷品，印刷后需要经过折页、配帖、装订和裁切等生产工艺。

（2）多页产品尺寸（成品尺寸）

多页产品尺寸指是产品印刷完成后经过折页、配帖、装订和裁切后的最终尺寸，如图2-8所示。多页产品排版时有时是单页排版，有时双页（对页）

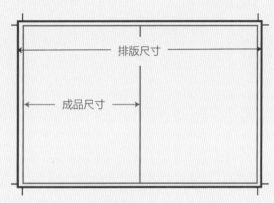

图 2-8　多页宣传册成品尺寸与排版尺寸

学生姓名: 班级: 日期:

排版，根据装订方式不同进行选择，因此需要注意区分产品成品尺寸和排版尺寸的差别。

2. 书籍结构

常规书籍的结构从外部设计上分为封面、封底和书脊，从内部设计上分为扉页、版权说明页、目录、正文等。通常我们把封面也称为封一，封面的背面称为封二，如图2-9所示，封底称为封四，封底的背面称为封三。如果是精装书籍，结构则更为复杂。

视频 35
认识多页产品的
尺寸和结构

内页的结构包括天头、地脚、版心、订口、切口等，如图2-10所示。

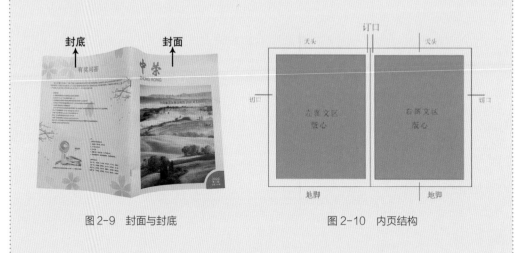

图 2-9　封面与封底　　　　　　图 2-10　内页结构

学习活动

活动3：做一做

中荣公司需要制作一份公司宣传册，请你根据项目二工单，如图2-11所示，提供的多页宣传册订单信息，独立完成客户文件下载，并存储低精度PDF文件，保存到对应工作文件夹。

学生姓名：　　　　班级：　　　　日期：

✎ 阅读材料

项目二　工程单

项目二 工程单，重点关注页数、颜色、纸张、工艺（装订方式）等内容要求。

项目工程单			
客户名称	中荣印刷集团股份有限公司		
产品名称	期刊（2020 年第 1 期）		
订单号	PDM2001005-01-SJ		
业务员	小张	方案经理	小李
文件来源	客户来新文件 ☑　　客户旧文件 □		
	FTP □		
	U 或光盘：□　　　　邮件：□		
色样	色样类别：按文件　　色样文件路径：		
	是否要调色 / 跟色：□　　跟色文件跟径：		
结构尺寸	是否需要结构设计□ 成品尺寸：210mm×285mm 36 页双面印刷		
颜色	4 色印刷，按客户文件		
纸张	纸张克重：105g/m² 纸张类别：双铜纸 纸张品牌： 特种纸 □		
油墨	普通油墨：☑　　UV 油墨：□　　油墨品牌： 特殊油墨：		
工艺流程	平印正面印 4 色 + 反面印 4 色→骑马订→切成品		
出样类别	成品样 □　　数码稿☑　　数量：1 份		
操作人：　　　　日期：　　　　检验人：　　　　日期：			

图 2-11　项目二 工程单

学生姓名：　　　　　　班级：　　　　　　日期：

2.3.2　工作过程2：客户文件的审核 ★ ★

🎯 **学习目标**

目标类型	学习目标	学习活动	学习方式
技能目标	能够正确审核多页客户文件	学习活动 1	自主学习 岗位学习

🧑‍🏫 **学习活动**

活动1：做一做

对下载的客户多页宣传册文件进行审核，自行独立检查文件是否缺字体和链接图。

📝 **学习记录**

2.3.3　工作过程3：印刷文件的处理 ★ ★

🎯 **学习目标**

目标类型	学习目标	学习活动	学习方式
知识目标	复习项目一工作过程 3 的所学知识点	学习活动 1	自主学习
技能目标	应用所学的技能，正确处理多页印刷品文件	学习活动 1 学习活动 3	自主学习 岗位学习
素质目标	在多页宣传册的处理过程，体会"温故而知新""学而时习之不亦说乎"的意义	学习活动 2	课堂学习

🧑‍🏫 **学习活动**

活动1：做一做

复习单页印刷品的文件处理知识，独立完成多页印刷品的印前处理。把处理过程

学生姓名： 班级： 日期：

中，你发现的问题，记录在学习记录中。（页数不够，可自行加页）

📝 学习记录

(空白记录区)

👥 学习活动

活动2：议一议 素养能力："温故而知新""学而时习之不亦说乎"

根据导师提供的多页客户文件，小组讨论多页文件与单页文件处理的异同，说一说自己通过复习项目一知识和技能内容，并再一次应用在多页文件中，有何新的收获？能否找到新的更快速的处理方法？结合实际案例谈一谈对"温故而知新""学而时习之不亦说乎"的理解。

- 活动目标：体会"温故而知新""学而时习之不亦说乎"的意义
- 活动组织：小组讨论
- 活动内容：通过复习项目一知识和技能内容，自主应用到项目二操作过程，找到新的快速处理的方法，从新收获中获得学习成就感。讨论结束后，小组指派代表发言，说一说对"温故而知新""学而时习之不亦说乎"的体会。
- 活动时间：10～15min
- 活动工具：多页项目客户源文件

📝 学习记录

(空白记录区)

学生姓名：　　　　　　班级：　　　　　　日期：

👥 学习活动

活动3：做一做　　　　👤 岗位学习

　　请根据岗位导师安排和提供的学习素材（本书素材链接地址下载），独立完成多页产品"文件处理"练习任务。请将岗位练习成果总结整理，放置活页教材中，并在下次辅导时提交给导师。如遇到疑问或挑战，及时咨询岗位导师。

📝 学习记录

2.3.4　工作过程4：数码打样 ★ ★ ★

🎯 学习目标

目标类型	学习目标	学习活动	学习方式
知识目标	能够分辨装订的方式和正确选用装订方式	学习活动 1 学习活动 2	课堂学习
	根据宣传册版面的内容，确定装订的位置	学习活动 3	
	理解折页方式的类型，正确选用折页方式	学习活动 4 学习活动 5	
	能够分辨各种装订方式的配贴	学习活动 6	
技能目标	画出页码编排的示意图	学习活动 7	课堂学习 岗位学习
	对多页产品进行页码安排	学习活动 8	
	对多页产品进行数码打样	学习活动 9 学习活动 10	

学生姓名： 班级： 日期：

学习活动

活动1：认一认

请写出图2-11中的印刷产品分别采取了何种装订方式？

 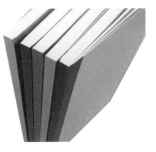 

图2-11

学习活动

活动2：想一想

某公司宣传册共有16页，在印前制作时你会选用什么装订方式？为什么？

小贴士

印刷品最常见的三种装订方式是：骑马订装、无线胶装和锁线装订。

骑马订装是目前很多画册最常用，也是最普通的装订方式。装订时把书页一分为二，用书订沿中缝订装。用于页数不多或厚度少于5mm的普通期刊、画册、简讯、产品目录等。骑马订的页码通常是4的倍数，如8P、16P、32P、64P等，最好不超过64P，32P以上需要注意爬移。

无线胶装是指在内页之间以及书脊用热熔胶粘接，再和封面封底书脊处套粘在一起的装订方法。主要用于印刷数量较大，内页纸张克重在157g/m²以下的书刊画册，适合流水线机械化作业。

视频 36
认识书籍的装订方式

锁线装订用于较厚的书籍，为增加书籍内页订装的牢固度，书帖之间无法只依靠胶粘固定，需要锁线加固。锁线就是在书脊面把内页用织线方法上下缝接锁紧，再用热熔胶粘接，使得书籍装订更加牢固。

学生姓名：　　　　　　班级：　　　　　　日期：

👥 学习活动

活动3：辨一辨

根据图2-12纵开本，图2-13横开本中宣传册封面的版面内容，标识出装订位。

图2-12　纵开本

图2-13　横开本

📝 学习记录

💡 小贴士

同样开本的书刊根据其订口（装订的边）不一样，可分为横开本和纵开本，如图2-14所示。

纵开本：长边作为订口边。

横开本：短边作为订口边。

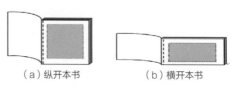
（a）纵开本书　　　（b）横开本书
图2-14　纵开本与横开本的订口

学生姓名：	班级：	日期：

👥 学习活动

活动4：写一写

辨认图2-15的折页方式，并写在横线上。

图 2-15

✋ 小贴士

折页：就是将印张按照页码顺序折叠成书刊开本尺寸的书帖，或将大幅面印张按照要求折成一定规格幅面的工作过程。印刷机印出的大幅面纸张必须经过折页才能形成产品，如报纸，书籍，杂志，样本广告等。折页可用机器折叠或手工折叠。

折页的方式：大致分三种垂直交叉折页法、平行折页法、混合折页法，如图2-16所示。

1. 平行折页法

折出的书帖折缝互相平行，如图2-16（a）所示。适用于折叠较厚纸张的书页，如少儿读物、画册等。

2. 垂直交叉折页法

每折完一折时，必须将书页旋转90°角折下一折，书帖的折缝互相垂直；如图2-16（b）所示。这种折页形式，操作方便，折数与页数有一定关系。

视频 37
认识折页方式

 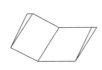

（a）平行折　　　（b）垂直交叉折　　　（c）混合折

图 2-16　折页的方式

3. 混合折页法

在同一书帖中的折缝，既有平行，又有垂直的折页方式来混合折页法，如图2-16（c）所示。用机器折成的书帖大部分是这种形式。

学生姓名：　　　　　　班级：　　　　　　日期：

学习活动

活动5：连一连

在图2-17中，将配帖方式和装订方式进行连线。

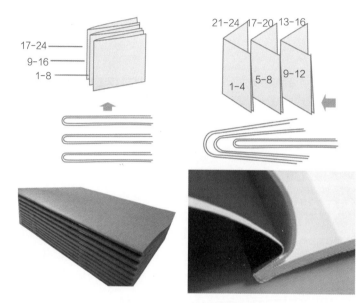

图 2-17

学习记录

小贴士

配帖的定义：帖与帖之间放置的方式，称之为配帖。

配帖的方式：各个书帖是嵌套在一起，我们称之为套帖。

各个书帖是平行叠放在一起，我们称之为叠帖。

视频 38
认识配帖

学生姓名： 班级： 日期：

学习活动

活动6：做一做

某公司8页产品说明书需要打数码样，产品尺寸为145mm×210mm，数码印刷机的印刷幅面为A3（297mm×420mm）。根据以上任务描述，用白纸折叠出一个小样，可参照视频操作。

视频 39
小样折叠

学习记录

学习活动

活动7：做一做

情境描述：某客户需要通过数码印刷印制1本小册子，装订方式为骑马订，页码总数为24页（包含封面封底）小册子大小为A5尺寸（140mm×210mm），印刷纸张为A3+（320mm×450mm）。

情境分析：

1. 根据任务描述填写

小册子的尺寸为（　　　　　），印刷用纸尺寸为（　　　　　），制作时的拼版尺寸为（　　　　）。

2. 计算

（1）每帖可以摆放（　　　　　）个页面。

（2）每本小册子需要（　　　　　）帖。

3. 通过观看小样折叠视频，利用空白纸张折出小样。

4. 根据小样上的页码，画出小册子页码编排示意图，封面和封底不算页码。

学生姓名：　　　　　班级：　　　　　日期：

📝 学习记录

🏃 学习活动

活动8：做一做

下面的图2-18骑马订宣传画册没有标注页码，请进行页码标注，可直接标在图片上。起始页第1页已标注，封面封底不标页码。

学生姓名： 班级： 日期：

图 2-18 骑马订宣传画册

学生姓名：　　　　班级：　　　　日期：

 学习活动

活动9：做一做

观看打样制作视频，将工作过程3处理好的文件进行数码打样。

视频 40
多页产品数码打样和装订

📝 学习记录

 课后练习

活动10：做一做　　　　👤 岗位学习

请根据岗位导师安排和提供的学习素材（本书素材链接地址下载），独立完成"数码打样"练习任务。请将岗位练习成果总结整理，放置活页教材中，并在下次辅导时提交给导师。如遇到疑问或挑战，及时咨询岗位导师。

📝 学习记录

学生姓名：　　　　　　班级：　　　　　　日期：

2.3.5　工作过程5：拼大版印刷文件 ★ ★ ★

🎯 **学习目标**

目标类型	学习目标	学习活动	学习方式
知识目标	读懂多页产品拼版生产作业指导书	学习活动1	自主学习
	正确理解拉规线、贴码的作用	学习活动3	课堂学习
	认识多页产品拼大版版面	学习活动3	
	理解爬移的定义和作用	学习活动4	
	拼版质量标准	学习活动5	
技能目标	根据拼版作业指导书，使用Kodak preps软件设置拼版模板	学习活动2	课堂学习 岗位学习
	使用一款拼版软件完成多页宣传册骑马订的拼版	学习活动4	
	能够根据拼版质量标准，进行拼版质量的检查	学习活动5	
	从成本考虑，进行多页产品的最优拼版方案计算	学习活动7	
素质目标	从拼版环节学习过程进一步提升成本意识	学习活动6	课堂学习 岗位学习

🧑‍🏫 **学习活动**

活动1：写一写

在图2–19项目二 拼版生产作业指导书中，识别并标识与拼版相关的信息，并记录开料尺寸、拼版方式、开位信息、咬口尺寸（根据印刷机型查询）等，为后续拼版工作做好准备。

学生姓名：　　　　　班级：　　　　　日期：

 阅读材料

生产作业指导书			
客户名称	中荣印刷集团股份有限公司	QAD 物料号	0001011
产品名称	期刊	成品规格	21cm×28.5cm
文件路径			
线板路径			
纸张用料	105g 双铜纸		
开　料	88cm×60cm		
版材规格	800mm×1040mm		
拼板方式	01（封面 4PP），横 2 版，直 2 版，开位 0.6cm 02（内页 1～16PP）横 4 版，直 2 版，开位 0.6cm 03（内页 2～16PP）横 4 版，直 2 版，开位 0.6cm		
工艺流程	平印正面印 4 色＋反面印 4 色→骑马订装→切成品		
交付资料	提供文字 / 规格样一张，颜色样一张		
油　墨	青、品、黄、黑		
印　刷	平印正面印 4 色，平印反面印 4 色，印刷颜色按提供的色样		
印刷机台	普通印刷机组		
表面处理			
啤　合	按样啤正面，成品规格：21cm×28.5cm		
粘　合			
包　装			
备　注			
出样：　　　　制表日期：　　　　审核：　　　　　日期：			
补充：如各部门有特别资料需登记的，请在以下表格内登记并签名确认			
计 划 部			
版　房			
彩　印			
啤　合			
其　他			
此行只供版房使用，其他部门无须填写 完成日期： 操作人：　　　　日期：　　　　检验人：　　　　日期：			

图 2-19　项目二 拼版生产作业指导书

学生姓名： 班级： 日期：

学习活动

视频 41
Kodak preps 软件设置
拼版模板

活动2：做一做

学习视频，并根据拼版生产作业指导书中拼版方式的描述，用Kodak preps软件制作出拼版模板，注意32页以上产品最好设置爬移。

学习记录

小贴士

视频 42
认识爬移

爬移：当帖折页后，内部页面的版心位置和外部页面的版心位置发生不一致的现象，这种现象称为爬移。爬移量受到折叠次数以及纸张厚度的影响。

学生姓名：　　　　　　班级：　　　　　　日期：

学习活动

活动3：找一找，想一想

在图2-20找出帖码的位置，小组讨论，想一想并说一说帖码的作用。

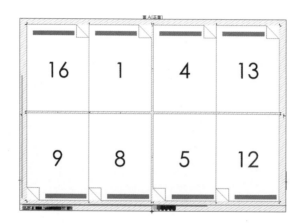

图 2-20　帖码位置

 学习记录

小贴士

帖码：在书刊的拼版中，存在多个折手的情况下，我们把每个折手称为一帖，按帖的次序进行排序并标识在拼版的版面上，不同的公司帖码表示的方法有所差异。例如1-A表示第一帖的正面，2-B表示第二帖的反面。

视频 43
认识多页拼版版面

学生姓名：　　　　班级：　　　　日期：

👥 学习活动

活动4：做一做

通过学习视频内容，根据生产作品指导书单提供拼版信息，使用不同的软件（下列任选一种）完成多页宣传册的拼版，并宣传册的拼大版文件。拼版使用的单版文件为工作过程3完成的文件。

视频 44
使用 Acrobat Pro QI
插件拼版（骑马订）

视频 45
使用 Kodak preps
软件拼版（骑马订）

📝 学习记录

👥 学习活动

活动5：评一评

根据多页拼版的评价标准，如图2-21所示，对活动4中做完的拼大版文件进行小组互评，各小组需记录评价过程中的问题。统计分析问题出现频率较高的项目，并进行原因分析和改正。

- 活动名称：拼版质量评价与分析。
- 活动目标：能够正确分析评价拼版质量问题。
- 活动时间：建议时长 15 ~ 20min。
- 活动内容：小组互评拼版质量，记录拼版问题，进行投票统计出现频率高的问题。对这些问题进行原因分析，并做修改。
- 活动工具：统计投票工具。

📝 学习记录

学生姓名： 班级： 日期：

📝 阅读材料

拼版质量标准

评价项目			
项目小组或人员		评价小组或人员	
序号	质量标准	是否合格（√ 或 ×）	错误点
1	纸张和版材设置正确		
2	产品尺寸正确，出血尺寸正确		
3	开位设置正确		
4	拼版方案正确		
5	裁切线、角线和套准线等规角线齐全，颜色使用套版色，线条长度 3mm 以上		
6	色标齐全且颜色填充正确		
7	信息文字添加正确		
8	正反版、自翻版页面安排正确（适合双面印刷成品）		
9	页码安排正确（适合多页产品）		
10	纸纹方向标志正确（适合纸盒类产品）		

图 2-21 拼版质量标准

视频 46
拼版质量标准解读

学生姓名：　　　　　班级：　　　　　日期：

 学习活动

活动6：议一议　　素质能力：成本意识

学完多页印刷品的拼版，小组合作，通过实际岗位调研、讨论并总结：在拼版环节要节约生产成本，我们印前人员可以从哪些方面进行考虑。请将调研和讨论结果记录下来。

学习记录

 学习活动

活动7：做一做

通过学习视频内容，计算下面案例节约成本的最优拼版方案。

案例：骑马订书刊成品尺寸185mm×260mm，80g双胶纸双面印刷，使用最大幅面为488mm×320mm幅面的数码印刷机印刷，请计算合适的开料尺寸，并设计拼版方案，标明开位尺寸（拼版间隔）。

视频 47
多页产品拼版方案设计

学习记录

学生姓名：　　　　　　班级：　　　　　　日期：

 课后练习

活动8：做一做　　　　岗位学习

请根据岗位导师安排和提供的学习素材（本书素材链接地址下载），独立完成多页产品"文件拼大版"任务。请将岗位练习成果总结整理，放置活页教材中，并在下次辅导时提交给导师。如遇到疑问或挑战，及时咨询岗位导师。

学习记录

2.3.6　工作过程6：印刷文件的校对★

学习目标

目标类型	学习目标	学习活动	学习方式
技能目标	在规定的时间内完成多页印刷品墨稿打印和校对的操作	学习活动1 学习活动2 学习活动3 学习活动5	课堂学习 岗位学习
素质目标	进一步理解质量检查环节对生产的重要性，能够思考通过规划意识，提升产品质量	学习活动4	课堂学习 岗位学习

 学习活动

活动1：做一做

根据提供设备和纸张，完成多页宣传册拼大版文件墨稿打印。

学习记录

学生姓名：　　　　　　班级：　　　　　　日期：

 学习活动

活动2：想一想

小组讨论，多页宣传册拼大版文件，需要利用墨稿核对哪些项目，并在下框写出。

学习记录

 学习活动

活动3：做一做

根据活动2得出的检查项目，校对印刷文件，如果有错，请在墨稿中标识出，然后到电脑文件中进行修改。

学习记录

学生姓名： 班级： 日期：

学习活动

活动4：想一想

学习视频内容，了解产品质量对企业的意义。在组长的带领下，进行小组讨论，谈谈小组在项目二的工作和学习过程，有否发生严重的质量问题？能否通过规范操作，控制和改善质量？

视频 48
质量对企业的意义

学习记录

课后练习

活动5：做一做 岗位学习

请根据岗位导师安排和提供的学习素材（本书素材链接地址下载），独立完成"文

学生姓名：　　　　　　班级：　　　　　　日期：

件校对"的学习任务。请将岗位练习成果总结整理，放置活页教材中，并在下次辅导时提交给导师。如遇到疑问或挑战，及时咨询岗位导师。

 学习记录

2.4　检查与评价

 学习活动：评一评

　　请你根据导师提供的学习评价表，先自我评价，再由组长评价，导师根据学习过程对每位学生整体做评价。

- 活动名称：学习质量评价。
- 活动目标：能够正确使用学习评价表，完成学习质量的评价。
- 活动时间：建议时长 10~15min。
- 活动方法：自我评价+小组评价+导师评价。
- 活动内容：根据学习过程数据记录，自我评价、小组评价和导师评价。
- 活动工具：学习评价表。
- 活动评价：提交评价结果+导师反馈意见。

小贴士

　　学习不是吃了多少，而是消化了多少！

学生姓名：　　　　　　班级：　　　　　　日期：

先根据评分表（表2-5）梳理操作整合环节进行自我评价，结束后将交给组长进行组内评价。

表 2-5　项目学习的检查与评价

班级		项目名称		第___组 学生姓名	
具体项目任务及考核（满分 100 分）					
项目任务	考核指标（打√）		自我评分	组长评分	导师评分
资讯阶段 （15分）	查找与项目有关的资料　□ 主动咨询　□ 认真学习项目有关的知识技能　□ 团队积极研讨　□ 团队合作　□				
计划与决策阶段 （15分）	1. 完成计划方案（10 分） 计划内容详细　□ 格式标准　□ 思路清晰　□ 团队合作　□				
	2. 分析方案可行性（5 分） 方案合理　□ 分工合理　□ 任务清晰　□ 时间安排合理　□				
实施过程 （70分）	专业技能 评价 （55分）	1. 接收并确认订单（4 分）			
		能够读懂多页产品生产工单　□			
		能够输出低精度 PDF 文件　□			
		2. 审核印刷文件（2 分）			
		独立检查字体、链接图是否缺失　□			
		3. 处理印刷文件（12 分）			
		独立检查并修改色彩模式与图像分辨率　□			
		独立检查并添加出血位　□			
		独立检查并添加安全位　□			
		独立检查并修改文字高度　□			
		独立检查并修改线条粗细　□			
		独立检查并修改黑色文字　□			

学生姓名:		班级:	日期:

续表

项目任务		考核指标（打√）	自我评分	组长评分	导师评分
实施过程 （70分）	专业技能 评价 （55分）	4. 数码打样（10分）			
		独立折叠小样　□			
		装订方式正确　□			
		页码次序正确　□			
		样稿成品尺寸误差小于2mm　□			
		操作设备熟练度　□			
		5. 拼大版（15分）			
		能够识别拼版信息　□			
		能够制作骑马订拼版模板　□			
		能够进行骑马订文件拼大版　□			
		6. 校对印刷文件（2分）			
		核对输出稿件与客户文件一致性　□			
		7. 产品质量（10分）			
		文字与原稿一致并符合印刷的要求　□			
		图片与原稿一致并符合印刷的要求　□			
		拼版与生产作业指导书要求一致　□			
		拼版方案正确　□			
		拼版文件的印刷标记齐全　□			
	方法与 能力考核 （5分）	分析解决问题能力　□ 组织能力　□ 沟通能力　□ 统筹能力　□ 团队协作能力　□			
	素质 考核 （10分）	课堂纪律　□ 学习态度　□ 责任心　□ 安全意识　□ 成本意识　□ 质量意识　□			
		总分			

导师评价:

导师签名:
评价时间:

学生姓名： 班级： 日期：

2.5 总结与反馈

学习活动1：反思与总结

学习反思与总结是最为重要的学习环节，请根据导师的要求，认真完成以下学习活动。

请先自我总结与反思，在课后作业的形式完成组内总结分享（请你要录制分享视频并提交），制作PPT总结报告。

- 活动名称：学习反思与总结。
- 活动目标：能够在导师和小组长的带领下，完成PPT报告总结和视频总结。
- 活动时间：建议时长30min。
- 活动方法：自我评价+代表分享+导师评价。
- 活动内容：请小组代表，运用PPT或思维导图总结形式完成课堂分享。布置课后作业，要求每位学生在组内以PPT报告的形式完成学习经验的分享，并将分享过程录制成视频在下课堂前上交给学校导师。
- 活动工具：PPT或思维导图进行总结。
- 活动评价：提交反思与总结结果+导师反馈意见。

小贴士

学习评价：既是一种学习方法，又是对学习过程进行总结与反思的最佳时机。不论你现在对专业技能掌握程度如何，一定要让学生多总结、多反思、多分享。过程中，主要是提升和训练你的综合职业能力，如：协作精神、沟通表达能力和职业精神等能力。

学生姓名：	班级：	日期：

📖 学习活动2：评一评

以学习小组为单位，评出你所在的学习小组的同学最佳作品或成果和最佳学习代表。

✎ 学习记录

⟿ 2.6 拓展学习　　　👨‍🏫 岗位学习

2.6.1 拓展任务

同学们，在导师指导或视频指导下，我们已经学完了多页宣传册的项目案例制作，接下来依据完整工作流程，请独立完成拓展任务1中多页产品的印前处理与制作，并对最后的成果进行评价。

多页印刷品除骑马订外，还有胶订。对页数较多的产品，使用胶订更合适，装订更牢固。骑马订与胶订，在拼大版环节会有区别，学有余力的同学，可以尝试一下挑战"拓展任务2胶订拼版的练习"。

✎ 拓展任务1：请依据完成工作流程，独立完成多页宣传册的印前处理与制作（任务素材可在本书素材链接地址下载）。练习过程中有遇到任务问题，可记录在拓展学习记录中，必要时咨询导师，解决练习过程中的难题。

✎ 拓展学习记录

① 拓展学习：是指在实际的工作岗位上，学生在导师的指导下，独立地把学习到的新知识和新技能迁移到同等情境下另外难度级别的实训学习过程。

学生姓名:	班级:	日期:

📝 **拓展任务2**：请依据完成工作流程，完成多页产品的印前处理与制作，并学习视频中的方法，进行胶订拼版练习（任务素材可在本书素材链接地址下载）。

视频 49
胶订拼版操作（Kodak preps）

视频 50
胶订拼版操作（Acrobat Pro QI）

📝 **拓展学习记录**

2.6.2 素养提升——工匠精神之精益求精

请学习视频内容，理解工匠精神中的精益求精精神，谈谈你在工作岗位和学习过程中精益求精方面的表现，举一到两个案例说明。

视频 51
工匠精神之精益求精

📝 **拓展学习记录**

① 素质：是指在实际的工作岗位上或学习过程中，养成的职业素养。

项目三 彩盒印刷品的印前处理与制作

工匠精神之执着专注

专注就是内心笃定而着眼于细节的耐心、执着、坚持的精神，这是所有"大国工匠"所必须具备的精神特质。工匠精神意味着一种执着，即几十年如一日的坚持与韧性。

"术业有专攻"，一旦选定行业，就一门心思扎根下去，心无旁骛，在一个细分产品上不断积累优势，在各自领域成为"领头羊"。

学生姓名：　　　　　　班级：　　　　　　日期：

学习指引

请认真观看项目三 学习指引视频，了解在项目三中，我们将要学习的内容和学习过程，为后续学习做好准备。

视频 52
项目三 学习指引

学习过程

请认真阅读并理解学习过程与学习任务，在导师的指导下完成以下学习任务。

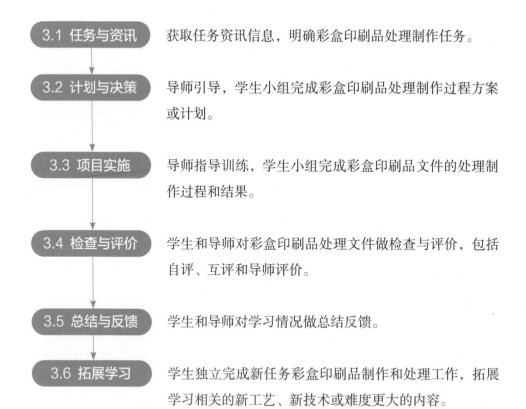

3.1 任务与资讯 获取任务资讯信息，明确彩盒印刷品处理制作任务。

3.2 计划与决策 导师引导，学生小组完成彩盒印刷品处理制作过程方案或计划。

3.3 项目实施 导师指导训练，学生小组完成彩盒印刷品文件的处理制作过程和结果。

3.4 检查与评价 学生和导师对彩盒印刷品处理文件做检查与评价，包括自评、互评和导师评价。

3.5 总结与反馈 学生和导师对学习情况做总结反馈。

3.6 拓展学习 学生独立完成新任务彩盒印刷品制作和处理工作，拓展学习相关的新工艺、新技术或难度更大的内容。

学生姓名：　　　　　　班级：　　　　　　日期：

🌊 3.1 任务与资讯

3.1.1 学习情境与目标

① 学习情境

客户提供的一份彩盒设计文件，如图3-1所示，有很多地方不符合印刷要求，需要印前工程师进行处理和制作。拿到彩盒文件后我们该如何处理和制作呢？相比单页和多页产品，彩盒文件有哪些新的内容需要学习呢？

图 3-1　彩盒客户原稿

② 学习成果

做完彩盒印刷品项目，同学们将得到3个项目成果，如图3-2，图3-3，图3-4所示，这3个项目成果需要交付给下个流程的工作人员，继续进入下一个生产环节。

学生姓名：　　　　　班级：　　　　　日期：

图 3-2　项目成果 1 处理好的单版文件

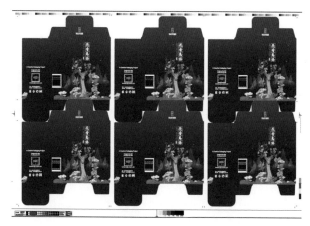

图 3-3　项目成果 2 拼大版的彩盒文件

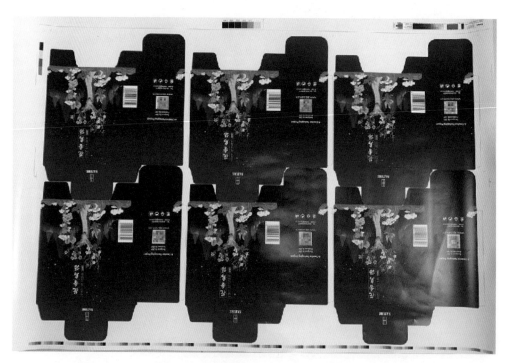

图 3-4　项目成果 3 彩盒的数码打印墨稿

学习目标

通过普通彩盒项目的学习，我们要掌握的学习目标，如表3-1所示。

学生姓名：	班级：	日期：

表 3-1　学习目标

目标类型	学习目标
知识目标	
1	能够正确理解项目工单内容，识别纸盒结构、刀线版，专色的基本含义
2	能够正确理解纸盒商品一维条形码的结构和质量要求
3	能够读懂纸盒拼版生产作业指导书，理解纸张纹理对拼版的影响，理解纸盒的拼版方式
技能目标	
1	能够独立接收并确认彩盒印刷品客户订单，提取线版，输出低精度 PDF 文件，符合客户文件信息的要求
2	能够独立检查并处理彩盒印刷品的印刷文件，输出的单版印前文件，符合印前检查标准、工单信息和电子文件标准要求
3	能够进行纸盒拼版方案计算，进行彩盒文件拼大版，输出的大版文件，符合拼大版的印前检查表和工单信息要求
4	能够正确校对彩盒印刷文件，输出的大版文件墨稿，符合印前检查标准、工单信息和电子文件要求
素质目标	
1	利用成本意识，进行纸盒最优拼版方案设计
2	在理解产品质量的意义的同时，进一步思考如何通过规范意识保证产品质量
3	能够理解工匠精神中专注的内涵

3.1.2　学习方案与分组

1　学习方案

为了达成项目的学习目标，请同学们仔细阅读学习安排表3-2和项目知识体系表3-4，如有疑问或问题，先记录下来并咨询课程导师。

表 3-2　学习安排表

学习方式	学习主题	学习时长	学习资源	学习工具
课堂学习	化妆品彩盒	8 学时	课堂学习资料	1. 电脑（安装如下软件）： 图形软件：Adobe Illustrator 图像软件：Photoshop 拼大版软件：Kodak preps 或者 Acrobat pdf Pro QI 拼版 插件） 2. 数码打印机 / 数码印刷机 3. 纸盒切割机（可选）
实训学习、岗位学习		8 学时	实训学习资料、岗位学习资料 项目素材	
自主学习、网络学习		2 周内	自主学习资料 知识链接 工作手册 操作视频 练习素材	

学生姓名：　　　　　　　班级：　　　　　　　日期：

② 学生分组

学习分组说明：请根据导师的分组要求，在规定的时间内完成学习小组组建和选举学习小组长。学习任务分组见表3-3所示。

表 3-3　学习任务分组与分工

班级		组名		
小组成员	姓名	学号	姓名	学号
	角色：学习小组长（　　　　）			
	任务分工			
备注：				

③ 学习知识体系表

请阅读"表3-4学习知识体系表"内容，整体了解彩盒印刷品印前处理与制作的知识结构与学习路径。请在学习过程与完成状态情况，在学习进度栏中标识出来。

表 3-4　学习知识体系表

学习主题	知识类型	知识点学习内容	资源形式	学习进度
1.订单的接收与确认★★	核心概念	读懂项目工单，熟悉纸盒常用表面整饰工艺	视频52 项目三 学习引导（微课） 阅读材料	
		纸盒结构	视频53 认识彩盒结构（动画）	
		纸盒刀线版	视频54 认识彩盒刀线版（微课）	
	工作原则	保密原则		

学生姓名： 班级： 日期：

续表

学习主题	知识类型	知识点学习内容	资源形式	学习进度
1. 订单的接收与确认★★	工作方法和内容	下载客户文件		
		提取彩盒线版，保存 ard 格式		
		输出保存低精度 pdf 文件		
	工作工具	1. FTP 2. 邮件 3. 百度网盘 4. Adobe Illustrator 软件 5. Photoshop 软件		
2. 印刷文件的审核★	核心概念	客户文件类型		
	工作原则	文件素材的完整性		
	工作方法和内容	检查字体、链接图是否缺失		
		替换纸盒标准刀线版	视频 55 替换刀线版（操作视频）	
	工作工具	1. Adobe Illustrator 软件 2. Photoshop 软件		
3. 印刷文件的处理★★★	核心概念	纸盒出血位	视频 58 认识纸盒出血位（微课）	
		印刷中专色	视频 59 印刷中专色（微课）	
		一维条形码	视频 61 认识纸盒上的一维条形码（微课） 阅读材料	
	工作原则	符合生产印刷规范要求（公司 DTP 文件检查细则表）		
	工作方法和内容	图片不清晰的问题	视频 56 重新链接清晰图片（操作视频）	
		修改纸盒衔接图案，保证图案完整性	视频 57 修改纸盒衔接图案（操作视频）	
		修改纸盒出血位	视频 59 修改纸盒出血位（操作视频）	
		制作一维条形码	视频 60 一维条形码制作（操作视频）	
		按照 DTP 文件检查表要求，检查处理纸盒文件		

学生姓名： 班级： 日期：

续表

学习主题	知识类型	知识点学习内容	资源形式	学习进度
3. 印刷文件的处理 ★ ★ ★	工作工具	1. Adobe Illustrator 软件 2. Photoshop 软件 3. Acrobat Pro 软件		
4. 拼大版印刷文件 ★ ★ ★	核心概念	纸盒材料	视频 62 认识纸盒材料（微课）	
		纸张纹理	视频 64 认识纸纹方向（动画）	
	工作原则	成本节约的原则		
	工作方法和内容	读懂拼版生产作业指导书	阅读材料	
		判断纸张纹理	视频 63 纸张纹理方向判断（操作视频）	
		纸盒拼版模板设置	视频 65 纸盒拼版模板设置（操作视频）	
		纸盒最优拼版方案计算	视频 66 纸盒最优拼版方案计算（微课）	
		纸盒拼大版操作	视频 67 纸盒拼大版操作（操作视频）	
	工作工具	1. Kodak Preps 2. 数字流程软件 3. Acrobat Pro 软件		
5. 校对印刷文件 ★	核心概念			
	工作原则	安全意识		
		质量意识		
	工作方法和内容	检查并打印大版文件	视频 68 纸盒墨稿打印（操作视频）	
	工作工具	1. Adobe Illustrator 软件 2. Acrobat Pro 软件 3. 数码打印机 4. 色彩管理软件		
6. 拓展内容 ★	拓展练习	纸盒大小修改	视频 69 彩盒的放大或缩小操作（操作视频）	
	素养提升	工匠精神之专注	视频 70 工匠精神之专注（动画）	

学生姓名：　　　　　　班级：　　　　　　日期：

3.1.3　获取资讯

为锻炼自学能力，根据学习要求，请同学们先自主学习、自主查询并整理相关概念信息。

关键知识清单：纸盒结构、纸盒刀版线、纸盒出血、纸盒专色、一维条形码、纸纹方向、纸盒拼版方式等。

🎯 学习目标

目标1：正确查询或搜集关键知识清单中的概念性知识内容。

目标2：用自己的语言，初步描述关键知识清单中的概念性知识含义。

🧑‍🏫 学习活动

活动1：查一查

以小组为单位，通过阅读材料、网络查询和相关专业书籍查询，初步理解以上概念性知识。请将你对查询到的概念填写到下面（若页数不够，请自行添加空白页）：

📝 学习记录

🧑‍🏫 学习活动

活动2：说一说

以小组为单位，在组长的带领下，请每位同学用自己的语言说一说对以上概念的理解，并用图表形式写下来：

✋ 小贴士

通过参与以上学习活动，理解相关的专业知识，获得收集资讯的能力，懂得分工、沟通与协作的能力。

学生姓名：　　　　　　班级：　　　　　　日期：

3.2 计划与决策

为了完成彩盒印刷品的印前处理与制作任务，需要制定合理实施方案。

3.2.1 计划

学习目标

根据导师提供学习材料，能够制定项目实施方案。

学习活动：做一做

请先通过岗位调研或学习项目三学习指引视频，提出自己的实施计划方案，梳理出主要的工作步骤并填写出来，尝试绘制工作流程图（可使用电子版表格填写，电子版表格模板请从本书素材中下载）。

学习记录

学生姓名：　　　　　　班级：　　　　　　日期：

3.2.2　决策

🎯 **学习目标**

在小组长的带领下，能够筛选并确定小组内最佳任务实施方案。

👫 **学习活动：选一选**

在学习组长的带领下，经过小组讨论比较，得出 2 个方案。导师审查每个小组的实施方案并整改意见。各小组进一步优化实施方案，确定最终的工作方案，并将最终实施方案填写下来。

📝 **学习记录**

💡 **小贴士**

通过以上学习活动，在制定实施方案过程中，提升归纳总结能力和团队协作能力。

学生姓名：　　　　　　　班级：　　　　　　　日期：

🪢 3.3 项目实施

为了完成彩盒印刷品的印前处理与制作项目的学习任务，将从以下5个工作过程进行学习。

3.3.1 工作过程1：订单的接收与确认 ★

🎯 **学习目标**

目标类型	学习目标	学习活动	学习方式
知识目标	认识常用彩盒的结构和刀线版	学习活动1	课堂学习 岗位学习
技能目标	熟练接收和确认客户订单	学习活动2	岗位学习

👥 **学习活动**

活动1：写一写

在图3–5中标识出盒子正面（背面）、侧面、盒盖、盒底、插舌、糊盒口、防尘翼，可直接标在图中。

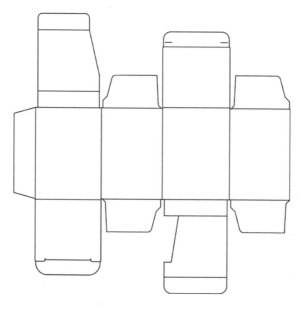

图3-5

学生姓名： 班级： 日期：

 阅读材料

1. 彩盒结构

根据成型后的形态分，有长方形、正方形、多边形、异形纸盒、圆筒形等，如图3-6所示；根据成型后运输和仓储的状态分，可分为折叠纸盒和粘贴纸盒。彩盒的种类和式样很多，差别在于盒盖和盒底的结构。

图 3-6 彩盒的结构

视频 53
认识纸盒的结构

2. 彩盒刀线版

彩盒的刀线版（图3-7）是指纸盒成型时需要模切或折叠的线版图，也是彩盒尺寸展开图。刀线版的模切与压痕线，通常用实线或虚线区分，有时候也用不同颜色来区分。

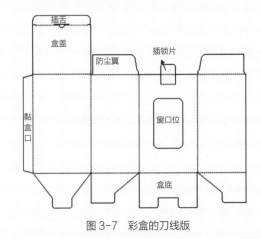

图 3-7 彩盒的刀线版

视频 54
认识彩盒刀线版

学生姓名：	班级：	日期：

学习活动

活动2：做一做

×公司需要制作一个彩盒，请你根据项目三 工程单，如图3-8所示，提供订单的信息，进行客户文件下载，提取纸盒线版并存储ard格式、输出低精度PDF文件并保存到对应工作文件夹。

阅读材料

项目三 工程单

项目三 工程单，重点关注结构设计、尺寸、颜色、材料、工艺、出样类别等内容要求。

项目工程单			
客户名称	中荣印刷集团股份有限公司		
产品名称	中荣周年庆－浮世绘插画		
订 单 号			
业 务 员	小张	方案经理	小李
文件来源	客户来新文件 ☑ FTP：□		
	U 盘：□	邮件：□	
色 样	色样类别：按文件 色样文件路径：		
	是否要调色 / 跟色：□ 跟色文件跟径：		
结 构 尺 寸	是否需要结构设计☑		
	纸盒成品尺寸：77mm×15mm×171mm 单面印刷		
颜 色	4 色印刷，按客户文件		
纸 张	纸张克重 :350g 纸张类别 :高档涂布白卡纸		
	纸张品牌： 特种纸□		
油 墨	普通油墨：☑ UV 油墨：□ 油墨品牌： 特殊油墨：		
工艺流程	平印正面印 4 色→正面裱哑胶→啤正面→粘合		
出样类别	成品样☑ 数码稿☑ 数量 :1 份		
操作人：	日期： 检验人： 日期：		

图 3-8　项目三 工程单

学生姓名：	班级：	日期：

课后练习

活动1：做一做　　　　　　岗位学习

请根据岗位导师安排和提供的学习素材（本书素材链接地址下载），独立完成"接收订单"练习任务。请将岗位练习成果，总结整理，放置活页教材中，并在下次辅导时提交给导师。如遇到疑问或挑战，及时咨询岗位导师。

学习记录

3.3.2　工作过程2：客户文件的审核 ★

学习目标

目标类型	学习目标	学习活动	学习方式
技能目标	熟练并正确审核客户文件	学习活动 1	课堂学习 岗位学习
	能够正确用标准线板替换客户文件中的纸盒刀线版	学习活动 2	岗位学习

学习活动

活动1：做一做

对下载的客户纸盒文件进行审核，自行检查彩盒文件是否缺字体和链接图。

学习记录

学生姓名：　　　　　班级：　　　　　日期：

学习活动

活动2：做一做

观看操作视频，使用结构组工作人员提供的标准线版，替换客户文件中的纸盒非标准刀线版，注意线版位置的对齐操作。

视频 55
替换刀线版

学习记录

课后练习

活动3：做一做　　　岗位学习

请根据岗位导师安排和提供的学习素材（本书素材链接地址下载），独立完成"文件审核"练习任务。请将岗位练习成果，总结整理，放置活页教材中，并在下次辅导时提交给导师。如遇到疑问或挑战，及时咨询岗位导师。

学习记录

学生姓名：　　　　　　班级：　　　　　　日期：

3.3.3　工作过程3：印刷文件的处理 ★ ★ ★

🎯 **学习目标**

目标类型	学习目标	学习活动	学习方式
知识目标	正确判断纸盒文件的出血位和安全位	学习活动 4	课堂学习 岗位学习
	有效识别纸盒文件颜色类型	学习活动 6	
	正确描述专色在印刷品中的作用，并判断在什么情况下印刷品使用专色印刷	学习活动 7	
	正确理解条形码的国标，理解条形码的颜色、类型、比例要求	学习活动 8 学习活动 9	
技能目标	能够正确解决图片不清晰的问题	学习活动 1	课堂学习 岗位学习
	能够正确检查并修改彩盒成型后的图案完整度	学习活动 2 学习活动 3	
	能够正确修改纸盒文件的出血位与安全位	学习活动 5	
	能够正确制作商品一维条形码，并按比例缩放条形码	学习活动 10	
素质目标	将精益求精的工匠精神应用到纸盒项目学习和工作过程，保证文件处理质量达到印刷生产要求	学习活动 11	自主学习

👥 **学习活动**

活动1：做一做

打开客户文件，发现客户文件使用的图片虽然达到300PPI以上，但是明显肉眼可以看出很模糊，这时该怎么办？

观看操作视频，用高清图替换客户文件里的模糊图片。

视频 56
重新链接清晰图片

📝 **学习记录**

学生姓名：　　　　　　班级：　　　　　　日期：

👥 学习活动

活动2：找一找

请标识出图3-9的彩盒成型后图案衔接不完整的地方？并说明是什么原因造成的问题？

图 3-9　彩盒成型后不完整图

📝 学习记录

学生姓名：	班级：	日期：

学习活动

活动3：练一练

请观看操作视频，判断工作过程2完成的彩盒文件，在成型后图文是否连续和完整，若不连续，不完整，则要进行过图操作。

视频 57
修改纸盒衔接
图案

学习记录

小贴士

过图是指利用文件中图案，对面与面衔接不完整、不连续的地方，进行位置调整和图案补充，使得产品最终成型后的图案连续完整。

学生姓名：　　　　班级：　　　　日期：

 学习活动

活动4：找一找

阅读纸盒出血位的材料，思考纸盒的出血位和安全位，与单页、多页产品的出血位要求是否相同。请标示出图3-10彩盒需要出血的位置。

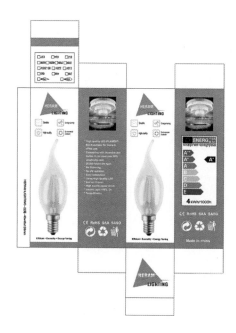

图 3-10　彩盒出血位标注

 学习记录

学生姓名：　　　　　班级：　　　　　日期：

 阅读材料

纸盒的出血位

项目一和项目二中，我们已经学习了出血的目的，并做了简单四周出血，那么对于纸盒文件具体什么情况下需要出血呢？我们在此对此问题进行分析。

纸盒裁切线上的色块、线条、图片一律要出血。折线上有时出血，有时不出血，原则是：如果折叠后有一面不在明处（如纸盒糊口、舌口、书籍封面的勒口），另一面上又碰到折线的色块、图片和线条都要出血；如果折叠后两面都在明处（如纸盒的正面和侧面交接处、书封面的书脊两侧、书芯的左右页、二折页，三折页），而且这两面的颜色是不连贯的，就不出血。图3-11分析了常规包装盒的出血位。

视频 58
认识纸盒出血位

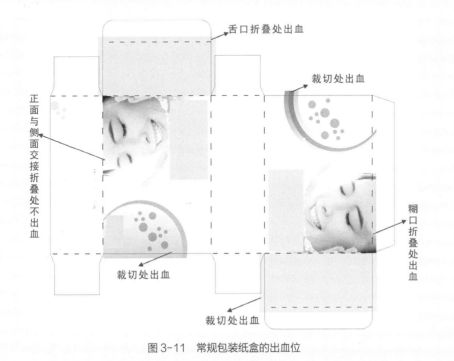

图 3-11　常规包装纸盒的出血位

学生姓名：　　　　　　班级：　　　　　　日期：

 学习活动

活动5：练一练

请观看操作视频，判断所给纸盒文件的出血位和安全位是否正确，把不正确的地方修改过来。

视频 59
修改纸盒出血位与安全位

学习记录

 学习活动

活动6：找一找

判断图3-12中使用了几个颜色。哪些是专色？是什么类型的专色？

图3-12　颜色判断

学习记录

学生姓名：　　　　　班级：　　　　　日期：

 学习活动

活动7：想一想，说一说

小组讨论：印刷中，为什么要使用专色？专色的优点是什么？专色分几种类型？在Adobe Illustrator 软件中有几种判断客户文件专色的方式？

学习记录

阅读材料

印刷中专色

专色是指在印刷时，不是通过在印刷机上印刷C，M，Y，K四个基准色得到，而是用预先调好的油墨来印刷得到的颜色。

视频60
印刷中的专色

专色分为标准专色（如图3-13所示潘通专色）和非标准专色（如图3-14所示自定义专色）。大部分专色油墨需要经过调配，设计时，设计师通常使用标准专色。因为标准专色有对应色卡可以参照进行配色，能使印刷颜色更准确。

专色效果纯净，印刷稳定、颜色饱满，一般中、高档包装盒多采用专色或专色加四色印刷。但也有种情况，客户填充了专色，又指定要四色印刷，就需要将专色改为四色，专色改四色的操作，在项目一内容中，已经学习过，大家可以翻看项目一里的专色改四色操作视频。

学生姓名： 班级： 日期：

图 3-13 潘通（PANTONE）专色

图 3-14 自定义专色

学习活动

活动8：选一选

判断图3-15中，条形码的填色是否正确。并说明错误的原因。

图 3-15 条形码

 学习记录

学生姓名：　　　　　　班级：　　　　　　日期：

学习活动

活动9：写一写

请写出图3-16中的条形码类型。并说明每类条形码适用情境。

图 3-16　条形码类型

 学习记录

学生姓名:　　　　　　班级:　　　　　　日期:

学习活动

活动10:练一练

学习视频内容,使用相应的软件制作条形码,并放置在纸盒文件中。

视频61
一维条形码制作

学习记录

阅读材料

商品条码的应用知识

　　商品条形码是商品身份的象征,能够自动阅读识别,方便商品流通、结算;能对商品销售的信息进行分类、汇总和分析,有利于经营管理活动的顺利进行;能够通过计算机网络及时将销售信息回馈给生产单位,缩小产、供、销之间信息传递的时空差。然而目前商品条形码印刷后有时难以识读或容易误读,原因有很大部分出现在印前环节没有设计好或审查好。有些设计、制版人员对条形码基本知识不了解,喜欢根据自己的设计思路,随意制作条形码的高度、宽度、空白区宽度、颜色,有的甚至还有将条形码设计成四色套印的版面,导致印刷时出现套印不准、重影等现象。有的商品条形码虽然客户已经提供,但实际应用时没有按标准进行缩小或放大,造成仪器难以识读或出现误读情况。

　　印前制作人员需要学习条形码尺寸设计、条形码位置放置、条形码颜色设计、条形码类型选用等方面知识，从印前环节减少和控制条形码印刷质量问题，提高商品条形码印刷质量。

（1）条形码尺寸设计

商品条形码尺寸应符合GB12904—2008第6.1等条款的规定，尺寸包括条形码的放大系数、条形码的条高、条宽和条形码的两侧空白区尺寸。

◆ 尺寸设计首先是放大系数的选择，放大系数指的是条形码设计尺寸与条形码标准版尺寸的比值，国标规定的放大系数的范围是：0.8～2.0。在实际应用中，针对不同的产品印刷厂可以根据实际情况进行印刷适性测试，一般情况下最小放大系数不要小于0.85。

◆ 条形码的条高、条宽须依照国标相关规定，不能任意裁缩，否则会影响条形码的识读。如果是特殊情况，比如烟包小盒，条高可以裁短，但必须尽量使条高最大。

印刷过程中由于油墨的渗透，使印刷出的条宽总是宽于原版胶片上的条宽，因此在设计条形码符号时要对条宽取值做适当减小，这个减小的值叫条宽缩减量（BWR）。由于条形码设计软件的本身偏差和印刷工艺及材料的特点，在设计使用时可以适当调整条宽缩减量（BWR）。条宽缩减量主要由印刷方式、材料、工艺和设备之间的适应性决定。印刷厂通过印刷适性试验就可以找出条宽减少量的数值。一般胶印、凹印BWR值较小，柔印的BWR值较大。注意条宽减少量不应使条形码胶片上单个模块的条宽缩减到小于0.13mm的程度，即0.33mm×放大系数−BWR≥0.13mm（0.33mm 为放大系数为1.00 时，EAN/UPC 条形码的模块宽度）。

◆ 两侧空白区必须留足，空白区过少不仅不利于扫描，也不美观。以EAN-13条形码为例，放大系数为1时左右空白区最小宽度为：左侧3.63mm，右侧2.31mm；EAN-8条形码放大系数为1时左右空白区最小宽度均为2.31mm。

（2）条形码位置的放置

条形码印刷位置选择应符合GB/T14257—2009的规定。条形码位置考虑以符号不变形、不易受损、易于扫描操作和识读为原则。通常条形码置放于

学生姓名：　　　　　班级：　　　　　日期：

商品外包装的背面或侧面，另外需要考虑印刷工艺、商品包装类型、包装与运输特性等，来放置条形码位置，细则如下：

◆ 考虑到印刷工艺特点。拼版时应使条形码方向与滚筒的周向相对应（即条形码的条与机器滚筒周向相平行），以免使条与空之间出现伸长变形，而影响扫描时的准确识读。

◆ 考虑商品包装类型。一般箱式包装条形码印在箱体下部右侧；罐装和瓶装包装条形码最好印在标签的一侧下方，并且条形码符号表面曲度不要超过30°；桶形包装条形码也最好印在桶的侧面，并且条形码的方向不要与周向相对应，避免条与空出现变形。若侧面不能印时，则可将条形码印在盖子上，但盖子深度不可超过12mm；袋状包装有底且底面较大，可将条形码印在底面上或印背面的下部中央；书刊条形码通常印在封底或护封的左下角，且条线的方向与书脊成平行状。

◆ 考虑商品包装与运输特性。切忌将条形码放置在容易受损的部位，如在线自动输送包装过程中与机器部件相摩擦的部位。有折叠的包装，不能使条形码的局部被折到另外一个角度或面。有装订、开口、冲孔的包装，不能影响条形码的整体扫描，这些涉及到条形码扫描识读效果的基本要求，在设计制版时都必须要考虑周全。

（3）条形码颜色选择

条形码颜色搭配选择应该符合GB12904—2008中第6.2条款的要求。

条形码识读器是通过条形码符号中条、空对光反射率的对比来实现识读的，因此条、空颜色选择决定到印刷对比度并对条形码识读起决定性作用。颜色选择总的原则是：条与空的颜色反差越大越好，空的颜色越浅越好，条的颜色越深越好，并且空色最好是低光泽的哑色。

除此之外，还需要根据印刷载体、印刷条件等合适设计条形码颜色。

◆ 条色黑、空色白是最理想的条形码颜色，可获得最大对比度。

◆ 黑色、蓝色、绿色等适合于作条色；而红色、黄色（包括橙色）反

学生姓名：　　　　　班级：　　　　　日期：

射红光较多，适合于作为空色。因为检测仪的光源是标准A型光源，该光源是一种偏红色的光源，想要通过检测仪检测，就要求条形码的条反射尽可能少的红光，条形码的空反射尽可能多的红光。

◆ 金、银、全息卡纸均不能直接用作空色，需加印白墨，且白墨以低光泽为宜。因为其反光度和光泽性会造成镜面反射效应而影响扫描仪识读。

◆ 对于透明或半透明的印刷载体，应禁用与其包装内容物相同的颜色作为条色，以免降低条空对比度，影响识读。也可以在印条形码时，先印白色的底色作为条形码的空色，然后再印刷条色。白色的底能使条形码与包装内容物颜色隔离，保证条空对比度PCS值达到技术标准要求。

◆ 当装潢设计的颜色与条形码设计的颜色发生冲突时，应以条形码设计的颜色为准改动装潢设计颜色。

通常条形码符号的条空颜色可参考表3-5进行搭配，且应符合GB12904商品条形码标准文本中规定的符号光学特性要求，最主要是通过条形码检测设备的检测。

表 3-5　条形码常用颜色搭配参考表

序号	空色	条色	能否采用	序号	空色	条色	能否采用
1	白色	黑色	√	17	红色	深棕色	√
2	白色	蓝色	√	18	黄色	黑色	√
3	白色	绿色	√	19	黄色	蓝色	√
4	白色	深棕色	√	20	黄色	绿色	√
5	白色	黄色	×	21	黄色	深棕色	√
6	白色	橙色	×	22	亮绿	红色	×
7	白色	红色	×	23	亮绿	黑色	×
8	白色	浅棕色	×	24	暗绿	黑色	×
9	白色	金色	×	25	暗绿	蓝色	×
10	橙色	黑色	√	26	蓝色	红色	×
11	橙色	蓝色	√	27	蓝色	黑色	×

学生姓名：　　　　　　班级：　　　　　　日期：

续表

序号	空色	条色	能否采用	序号	空色	条色	能否采用
12	橙色	绿色	√	28	金色	黑色	×
13	橙色	深棕色	√	29	金色	橙色	×
14	红色	黑色	√	30	金色	红色	×
15	红色	蓝色	√	31	深棕色	黑色	×
16	红色	绿色	√	32	浅棕色	红色	×

注："√"表示能搭配；"×"表示不能搭配或搭配效果差，识读困难。

（4）商品条码的类型

条码、条形码，英文名称barcode，是产品的一种身份标识代码。常用的有以下几种类型：

EAN-13类型：国际商品条码。是当今世界上使用最广的商品条码，共13 位数字组成，最后一位是校验码，根据前 12 位数字计算得出，是当今世界上广为使用的商品条码，已成为电子数据交换（EDI）的基础。而EAN-8类型是其缩短的一种形式。

UPC-A类型：国际商品条码。共 12 位数字组成，最后一位是校验码，根据前 11 位数字计算得出，相当于数字0开头的EAN-13码，主要为美国和加拿大使用。而UPC-E类型是其缩短的一种形式。

Codabar类型：是一种条、空均表示信息的非连续、可变长度、双向自检的条码，可表示数字0～9、字母A～D及特殊字符（+、—、$、：、/、·），其中A、B、C、D仅作为起始符和终止符，并可任意组合。主要用于医疗卫生、图书报刊、物资等领域的自动识别。在日本称作NW-7类型。

Code 39类型：是一种条、空均表示信息的非连续型条码，它可表示数字0～9、字母A～Z和八个控制字符（−、空格、/、$、+、%、·、*）等44个字符，主要用于工业、图书及票证的自动化管理，目前使用极为广泛。而Code 39 Extended是39码的全ASCII形式。使用2个字符可以将128个ASCII全部字符集进行编码。

学生姓名：　　　　　班级：　　　　　日期：

Code 128类型：对全部128个字符进行编码。通过起始字符选择不同的代码集。A、B、C代表不同的数据范围，A：大写字母+数字，B：大小写字母+数字，C：为偶数纯数字编码，而Auto是根据数据自动选择起始符进行最短编码。UCC/EAN是在Code 128的基础上扩展的应用标识条码、能标识贸易单元中需表示的信息，如产品批号、数量、生产日期等。SCC和SSCC 为细分的 Adobe Illustrator 标识符条码。

视频 62
认识纸盒上的一维条形码

学习活动

活动11：练一练

请按照"公司DTP文件检查细则表"，用前两个项目学过的方法，对彩盒文件进行各个项目的检查和修改，确保每个项目都符合细则表中的质量要求。将检查出和修改的问题记录下来。

学习记录

学生姓名：　　　　　　班级：　　　　　　日期：

 课后练习

活动1：做一做　　　　　　　岗位学习

请根据岗位导师安排和提供的学习素材（本书素材链接地址下载），独立完成彩盒印刷品"文件处理"练习任务。请将岗位练习成果，总结整理，放置活页教材中，并在下次辅导时提交给导师。如遇到疑问或挑战，及时咨询岗位导师。

学习记录

学生姓名：　　　　　　班级：　　　　　　日期：

3.3.4　工作过程4：拼大版印刷文件 ★ ★ ★

🎯 **学习目标**

目标类型	学习目标	学习活动	学习方式
知识目标	能够识别纸盒材料，并理解适用范围	学习活动 1	课堂学习 岗位学习
	识别纸张纹理的方向，描述纸张纹理方向对纸盒的影响	学习活动 2	
	理解纸盒拼版间隔的含义；设定正确的拼版间隔	学习活动 3	
技能目标	理解并设计出最佳的纸盒拼版方案	学习活动 4 ~ 6	
	在规定的时间内，正确完成纸盒拼大版的操作	学习活动 7	
	根据拼版质量标准，进行拼版质量检查	学习活动 8	
素质目标	能够在拼版环节应用节约成本的理念，进行最优的纸盒拼版方案设计	学习活动 5	课堂学习 岗位学习

👫 **学习活动**

活动1：做一做

搜集3种不同材质的彩盒样品，分析它们使用的纸张材料，思考能否用其他纸张替代，并说明理由。

📝 **学习记录**

学生姓名: 班级: 日期:

✎ 阅读材料

纸盒常用的材料和规格

1. 包装纸盒采用材料

包装盒的材料一般选用铜版纸、瓦楞纸、牛皮纸、卡纸（白卡纸和灰卡纸）、特种纸。表3-6总结了这些常用材料的一些性能，具体使用时可根据产品的需要进行选择。

表3-6　包装纸盒常用材料比较表

材料名称	硬度	成本	印刷适性	适合产品档次	印后加工性能	使用注意点	优劣
铜版纸	适中	较低	良好	普通	可覆光膜或亚光膜		具有较高的白度和光泽度、可印各种画面或色块
瓦楞纸	适中	较低	一般				具有良好的缓冲和抗压性能
牛皮纸	较大	最低	一般	普通		一般不覆膜	印刷深色的文字、条纹或对比强烈的色块
白卡纸	较大	最高	良好	高档	可覆镭射纸	可双面印刷	表明光滑、细腻
灰白卡纸	适中	适中	良好	中高档		单面印刷	表面平整，着胶不易变形
特种纸纸		较高		高档			具有不同的颜色、光泽和纹理，有特殊的视觉效果

2. 纸盒采用材料规格

纸盒使用的卡纸或纸板分正度规格和大度规格两种。两种规格尺寸可参照图3-17。

纸张一览表

正度纸张：单位（mm）
全开：787×1092
2开：540×780
3开：360×780
4开：390×543
6开：360×390
8开：270×390
16开：195×270
32开：195×135
64开：135×95

大度纸张：单位（mm）
全开：889×1194
2开：590×880
3开：395×880
4开：440×590
6开：395×440
8开：295×440
16开：220×295
32开：220×145
64开：110×145

视频63
认识纸盒材料

图3-17　纸张尺寸

学生姓名：　　　　　班级：　　　　　日期：

👥 学习活动

活动2：做一做

根据导师提供的纸张材料，学习视频内容操作指引，识别并用箭头标记纸张纹理方向。

视频 64
纸张纹理方向判断

✍ 学习记录

💡 小贴士

纸纹：纸张经过造纸机成型后具有一定方向性，纸张纹理就是指纸张的方向。通常纸张方向分纵横向，与造纸机运行平行的方向为纵向，垂直于造纸机运行的方向为横向。

视频 65
纸纹方向对纸盒
生产工艺的影响

纸张纹理对产品质量的影响：在印刷过程中，不同纸张纹路，印刷出来的产品效果有着很大区别，尤其是包装盒或手提袋这类产品印刷，受纸纹影响更大。纸盒纹理影响产品的强度，如果纹理正确，生产出来的包装盒比较硬朗，耐用性好，而若纹理选择错误，包装盒就比较柔弱，甚至有些还容易出现断裂。生产时不能为了节省纸张成本，不管纸张纹路走向而随意开纸，需严格按正确的纹理方向切纸备用。

学生姓名： 班级： 日期：

学习活动

活动3：想一想 素质能力：节约成本对企业的意义

对比图3-18中 A、B、C 三种拼版方式，判断哪一个拼版方式更能节约成本。说明原因。

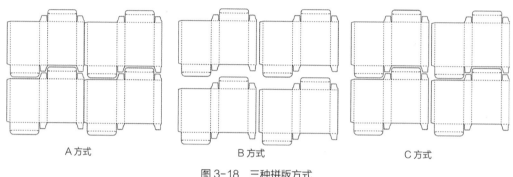

A方式   B方式   C方式

图 3-18 三种拼版方式

学习记录

小贴士

拼版间隔也称为开位，是指盒子拼版时成品线之间的间隔。制作刀模版时，刀片与刀片之间的最小间隔为5mm，所以拼版间隔也至少为5mm。

学生姓名：　　　　　　班级：　　　　　　日期：

学习活动

活动4：找一找

图3-19为制作好纸盒的模切刀版，判断哪些地方是一刀切，哪些地方是双刀切。辨别并画出拼版间隔的位置（开位），可直接在图中标注。

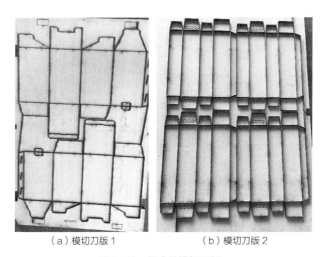

（a）模切刀版1　　　　　　（b）模切刀版2

图3-19　纸盒的模切刀版

学习记录

小贴士

拼版间隔也称为开位，是指盒子拼版时成品线之间的间隔。制作刀模版时，刀片与刀片之间的最小间隔为5mm，所以拼版间隔也至少为5mm。

学生姓名：　　　　　班级：　　　　　日期：

📖 学习活动

活动5：做一做

某包装盒的成品尺寸为110mm×50mm×160mm，盒盖和盒底的结构均为插入式（具体结构参照图3-20），计划在对开印刷机上印刷，选择纸张尺寸，请计算纸盒最佳拼版方案，通过软件完成刀线版拼模版（素材从本书素材链接地址下载）。

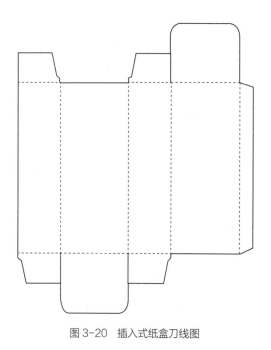

图 3-20　插入式纸盒刀线图

视频 66
纸盒最优拼版方案计算

✍ 学习记录

学生姓名： 班级： 日期：

 阅读材料

包装纸盒常见的拼版方式

纸盒的拼版应尽量节约版面，可节约纸张、油墨和其他材料成本，其拼版方式有以下几种：

（1）一刀切拼版 让纸盒尽量紧密地排在一起，相接处共享一条模切线，通常纸盒糊口处于另一个盒子搭建处用一刀切，如图3-21所示。

（2）双刀切拼版 除糊口为直线可以通过一刀切，其他纸盒部位有拐角，相邻模切品之间都要采用双刀切，刀线间隔在5mm以上。相邻模切品之间要留有废边，废边的宽度大于5mm以便在刀口旁边安装橡皮条，这些废边应尽量连在一起便于模切后清理，如图3-22所示。

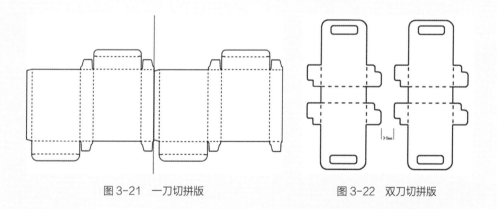

图 3-21 一刀切拼版   图 3-22 双刀切拼版

（3）搭桥拼版 指的是利用盒子的结构的凹凸特点，搭接桥拼版可有效地节约纸张。不同的盒型选择的拼版搭接方式也不同，常见盒型如倒插盒、直插盒、扣底盒的搭接方式等，如图3-23所示。

学生姓名：　　　　　　班级：　　　　　　日期：

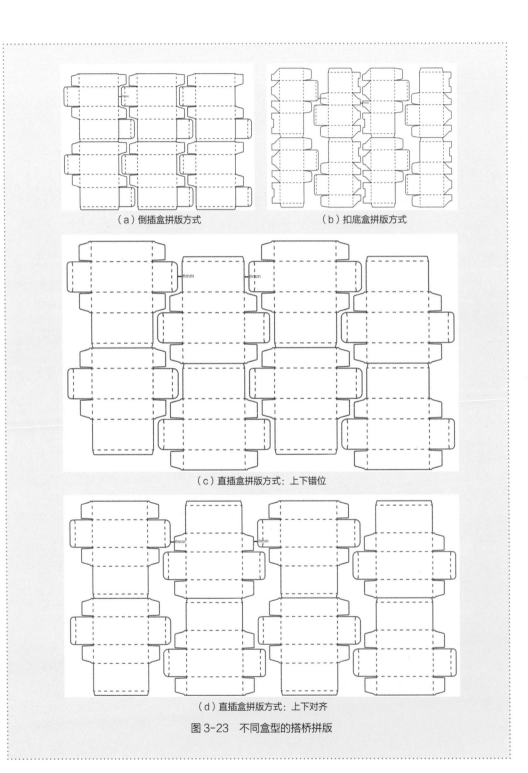

（a）倒插盒拼版方式　　　　　　　（b）扣底盒拼版方式

（c）直插盒拼版方式：上下错位

（d）直插盒拼版方式：上下对齐

图 3-23　不同盒型的搭桥拼版

学生姓名： 班级： 日期：

 学习活动

活动6：评一评

从市场纸张规格和成本角度考虑，对活动8中做完的纸盒拼大版方案，进行小组互评，挑选出小组最优拼版方案。

学习记录

视频 67
纸盒拼大版操作

学习活动

活动7：做一做

学习视频内容或导师的操作演示，按照纸盒拼版生产作业指导书（图3-24）要求，完成工作过程3处理完的纸盒的拼大版操作。

学习记录

学生姓名：　　　　　　班级：　　　　　　日期：

 阅读材料

生产作业指导书			
客户名称	中荣印刷集团股份有限公司	QAD 物料号	000113
产品名称	中荣周年庆 – 浮世绘插画	成品规格	7.7cm×5.2cm×17.1cm
文件路径			
线板路径			
纸张用料	350g 红梅高档涂布白卡纸		
开　料	57cm×85cm（8 版）纸纹：57cm		
拼版方式	横 3 版，直 2 版，共 6 版，开位上下左右 0.5cm		
工艺流程	平印正面印 4 色→正面裱蓝胶→啤正面→粘合		
交付资料	提供文字 / 规格样一张，颜色样一张		
油　墨	11623 四色蓝、11624 四色黑、11671 四色红、11672 四色黄		
印　刷	平印正面印 4 色，印刷颜色按提供的色样		
印刷机台	对开罗兰机		
表面处理	正面裱哑胶（要求裱胶后无气泡、无异物）		
啤　合	按样啤正面，成品规格：7.7cm×5.2cm×17.1cm，线版路径：PDM2108005-01-SJ		
黏　合	按样用胶水机黏		
包　装	纸箱		
备　注			

出样：	制表：	日期：	审核：	日期：

补充：如各部门有特别资料需登记的，请在以下表格内登记并签名确认。

计 划 部		
版　房		
彩　印		
啤　合		
其　他		

此行只供版房使用，其他部门无须填写

完成日期：

操作人：	日期：	检验人：	日期：

图 3-24　项目三 拼版生产作业指导书

学生姓名：　　　　　　班级：　　　　　　日期：

👥 **学习活动**

活动8：评一评

根据纸盒拼版的评价标准（图3-25），对活动10中做完的拼大版文件进行小组互评，各小组需记录评价过程中的问题。统计分析问题出现频率较高的项目，并进行原因分析和改正。

- 活动名称：拼版质量评价与分析。
- 活动目标：能够正确分析评价拼版质量问题。
- 活动时间：建议时长 15~20min。
- 活动内容：小组互评活动1的拼版质量，记录拼版问题，进行投票统计出现频率高的问题。对这些问题分析原因，并做修改。
- 活动工具：统计投票工具。

📝 **学习记录**

学生姓名：   班级：   日期：

 阅读材料

拼版质量标准

评价项目				
项目小组或人员			评价小组或人员	
序号	质量标准		是否合格(√ 或 ×)	错误点
1	产品尺寸正确，出血尺寸正确			
2	开位设置正确			
3	拼版方案正确			
4	裁切线、角线和套准线等规角线齐全，颜色使用套版色，线条长度 3mm 以上			
5	色标齐全且颜色填充正确			
6	信息文字添加正确			
7	线版和规角线单独分图层制作（若使用 AI 软件拼版）			
8	正反版、自翻版页面安排正确（适合双面印刷成品）			
9	页码安排正确（适合多页产品）			
10	纸纹方向标识正确（适合纸盒类产品）			

图 3-25　纸盒拼版质量标准

课后练习

活动1：做一做   岗位学习

请根据岗位导师安排和提供的学习素材（本书素材链接地址下载），独立完成纸盒产品"文件拼大版"任务。请将岗位练习成果，总结整理，放置活页教材中，并在下次辅导时提交给导师。如遇到疑问或挑战，及时咨询岗位导师。

学习记录

学生姓名：	班级：	日期：

3.3.5　工作过程5：校对印刷文件 ★ ★

🎯 学习目标

目标类型	学习目标	学习活动	学习方式
技能目标	在规定的时间内完成墨稿打印和校对的操作。	学习活动 1 学习活动 2 学习活动 3	课堂学习 岗位学习

👥 学习活动

活动1：做一做

根据提供设备和纸张，完成纸盒拼大版文件墨稿打印。

视频 68
纸盒墨稿打印

📝 学习记录

👥 学习活动

活动2：想一想

小组讨论，纸盒拼大版文件，需要利用墨稿核对哪些项目，并写在下发学习表中。

📝 学习记录

学生姓名： 班级： 日期：

👥 学习活动

活动3：做一做

根据活动2得出的检查项目，校对印刷文件，如果有错，请在墨稿中标识出，并在电脑文件中进行修改。

📝 学习记录

👥 课后练习

活动1：做一做 岗位学习

请根据岗位导师安排和提供的学习素材（本书素材链接地址下载），独立完成"文

学生姓名： 班级： 日期：

件校对"的学习任务。请将岗位练习成果，总结整理，放置活页教材中，并在下次辅导时提交给导师。如遇到疑问或挑战，及时咨询岗位导师。

📝 **学习记录**

〰️ **3.4 检查与评价**

👥 **学习活动：评一评**

请根据导师提供的学习评价表，先自我评价，再由组长评价，导师根据学习过程对每位学生整体做评价。

- 活动名称：学习质量评价。
- 活动目标：能够正确使用学习评价表，完成学习质量的评价。
- 活动时间：建议时长 10 ~ 15min。
- 活动方法：自我评价+小组评价+导师评价。
- 活动内容：根据学习过程数据记录，自我评价、小组评价和导师评价。
- 活动工具：学习评价表。
- 活动评价：提交评价结果+导师反馈意见。

✋ **小贴士**

学习不是吃了多少，而是消化了多少！

学生姓名： 班级： 日期：

先根据评分表（表3-7）梳理操作整合环节进行自我评价，结束后将交给组长进行组内评价。

表 3-7　项目学习的检查与评价

班级		项目名称		第＿＿组 学生姓名	
具体项目任务及考核（满分 100 分）					
项目任务	考核指标（打√）		自我评分	组长评分	导师评分
资讯阶段（15分）	查找与项目有关的资料　□ 主动咨询　□ 认真学习项目有关的知识技能　□ 团队积极研讨　□ 团队合作　□				
计划与决策阶段（15分）	1. 完成计划方案（10分） 计划内容详细　□ 格式标准　□ 思路清晰　□ 团队合作　□				
	2. 分析方案可行性（5分） 方案合理　□ 分工合理　□ 任务清晰　□ 时间安排合理　□				
实施过程（70分）	专业技能评价（55分）	1. 接收并确认订单（6分）			
		能够正确对接工艺员　□			
		能够正确识别彩盒产品的尺寸　□			
		能够正确提取彩盒线版　□			
		能够输出低精度 PDF 文件　□			
		2. 审核印刷文件（4分）			
		能够识别客户文件类型　□			
		能够检查字体、链接图是否缺失　□			
		3. 处理印刷文件（20分）			
		能够熟练替换纸盒标准线版　□			
		检查并修改色彩模式与图像分辨率　□			

学生姓名：　　　　　班级：　　　　　日期：

续表

项目任务		考核指标（打√）	自我评分	组长评分	导师评分
实施过程（70分）	专业技能评价（55分）	检查并添加纸盒出血位　□			
		检查并修改纸盒图案完整性　□			
		检查并修改文字高度和颜色　□			
		检查并修改专色　□			
		检查并修改商品条形码　□			
		按要求正确放大或缩小彩盒文件　□			
		4. 拼大版（10分）			
		能够识别拼版信息　□			
		能够考虑成本，进行纸盒拼大版操作　□			
		5. 校对印刷文件（5分）			
		核对输出稿件与客户文件一致性　□			
		6. 产品质量（10分）			
		纸盒尺寸、工艺符合客户的要求　□			
		纸盒平面图与原稿一致并符合印刷的要求　□			
		拼版与生产作业指导书要求一致　□			
		拼版文件的印刷标记齐全　□			
	方法与能力评价（5分）	分析解决问题能力　□ 组织能力　□ 沟通能力　□ 统筹能力　□ 团队协作能力　□			
	思政.素质考核（10分）	课堂纪律　□ 学习态度　□ 责任心　□ 安全意识　□ 成本意识　□ 质量意识　□			
总分					
导师评价：					

导师签名：
评价时间：

学生姓名：　　　　　　班级：　　　　　　日期：

3.5　总结与反馈

学习活动1：反思与总结

学习反思与总结是最为重要的学习环节，请根据导师的要求，认真完成以下学习活动。

请先自我总结与反思，在课后作业的形式完成组内总结分享（要录制分享视频并提交），制作PPT总结报告。

- 活动名称：学习反思与总结。
- 活动目标：能够在导师和小组长的带领下，完成PPT报告总结和视频总结。
- 活动时间：建议时长 30min。
- 活动方法：自我评价+代表分享+导师评价。
- 活动内容：请小组代表，运用PPT或思维导图总结形式完成课堂分享。布置课后作业，要求每位学生在组内以PPT报告的形式完成学习经验的分享，并将分享过程录制成视频在下次课堂前上交给学校导师。
- 活动工具：PPT或思维导图进行总结。
- 活动评价：提交反思与总结结果+导师反馈意见。

小贴士

　　学习评价：既是一种学习方法，又是对学习过程进行总结与反思的最佳时机。不论你现在对专业技能掌握程度如何，一定要让学生多总结、多反思、多分享。过程中，主要是提升和训练你的综合职业能力，如：协作精神、沟通表达能力和职业精神等能力。

学生姓名： 班级： 日期：

学习活动2：评一评

以学习小组为单位，评出你所在的学习小组的同学最佳作品或成果和最佳学习代表。

学习记录

3.6 拓展学习 岗位学习

3.6.1 拓展任务

同学们，在导师指导或视频指导下，我们已经学完了纸盒的项目案例制作，接下来依据完整工作流程，请你独立完成拓展任务1中彩盒产品的印前处理与制作，并对最后的成果进行评价。

纸盒项目除常规处理外，客户可能还会要求对纸盒大小进行修改。比如某款产品，包装图形图案不变，纸盒尺寸需要改新的尺寸。有余力的同学，可以尝试一下挑战拓展任务2纸盒大小修改练习。

拓展任务1：请依据完成工作流程，独立完成纸盒印刷品的印前处理与制作（任务素材可在本书素材链接地址下载）。练习过程中有遇到任务问题，可记录在拓展学习记录中，必要时咨询导师，解决练习过程中的难题。

拓展学习记录

① 拓展学习：是指在实际的工作岗位上，学生在导师的指导下，独立地把学习到的新知识和新技能迁移到同等情境下另外难度级别的实训学习过程。

学生姓名：　　　　　班级：　　　　　日期：

拓展任务2：学习视频内容，下载客户文件，并按客户产品大小变化要求，正确放大或缩小彩盒文件（任务素材可在本书素材链接地址下载）。

视频69
彩盒文件尺寸的修改

拓展学习记录

① 拓展学习：是指在实际的工作岗位上，学生在导师的指导下，独立地把学习到的新知识和新技能迁移到同等情境下另外难度级别的实训学习过程。

3.6.2　素养提升——工匠精神之专注

请学习视频内容，理解工匠精神中的专注精神，谈谈你在工作岗位和学习过程中如何做到专注的，举一到两个案例说明。

视频70
工匠精神之专注

拓展学习记录

① 素质：是指在实际的工作岗位上或学习过程中，养成的职业素养。

项目四 复杂表面工艺印刷品的印前处理与制作

工匠精神之勇于创新

"工匠精神"包括追求突破、追求革新的创新内蕴。古往今来，热衷于创新和发明的工匠们一直是世界科技进步的重要推动力量。古代四大发明中"蔡伦的造纸术""毕昇的印刷术"以及现代"王选的汉字激光照排系统"都是印刷行业的典型创新。

学生姓名:　　　　　　班级:　　　　　　日期:

🔁 **学习指引**

　　请认真观看项目四 学习指引视频,了解在项目四中,我们将要
学习的内容和学习过程,为后续学习做好准备。

视频 71
项目四 学习引导

🔁 **学习过程**

　　请认真阅读并理解学习过程与学习任务,在教师或导师的指导
下完成以下学习任务。

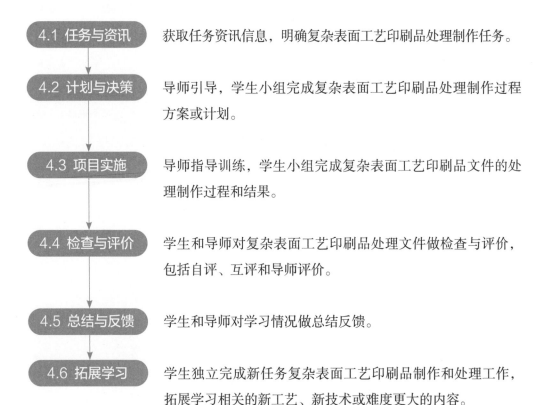

4.1 任务与资讯　获取任务资讯信息,明确复杂表面工艺印刷品处理制作任务。

4.2 计划与决策　导师引导,学生小组完成复杂表面工艺印刷品处理制作过程
方案或计划。

4.3 项目实施　导师指导训练,学生小组完成复杂表面工艺印刷品文件的处
理制作过程和结果。

4.4 检查与评价　学生和导师对复杂表面工艺印刷品处理文件做检查与评价,
包括自评、互评和导师评价。

4.5 总结与反馈　学生和导师对学习情况做总结反馈。

4.6 拓展学习　学生独立完成新任务复杂表面工艺印刷品制作和处理工作,
拓展学习相关的新工艺、新技术或难度更大的内容。

学生姓名：　　　　　　班级：　　　　　　日期：

🔁 4.1　任务与资讯

4.1.1　学习情境与目标

1 学习情境

客户提供的一份精品彩盒设计文件，如图4-1所示，彩盒中有涉及表面装饰工艺，在印前文件制作时需做相应的工艺处理，我们该如何处理？

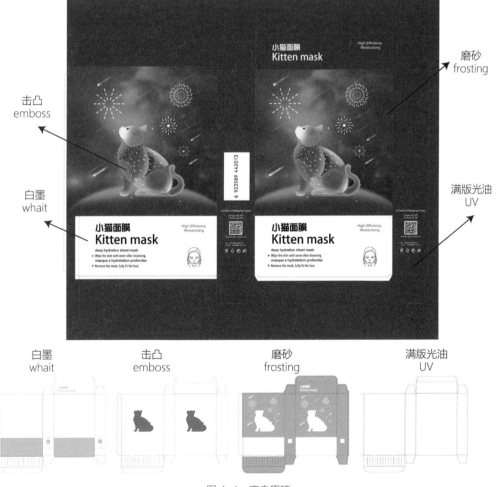

图 4-1　客户原稿

学生姓名：　　　　　班级：　　　　　日期：

② 学习成果

项目完成后，同学们将得到 3 个项目成果，如图4-2，图4-3，图4-4 所示，这 3 个项目成果需要交付给下个流程的工作人员，继续进入下一个生产环节。

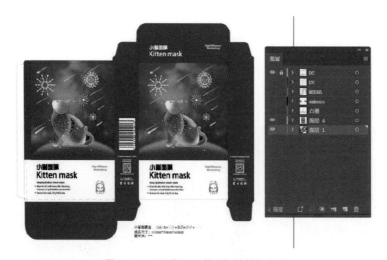

图 4-2　项目成果 1 处理好的单版文件

图 4-3　项目成果 2 拼大版的彩盒文件（隐藏了工艺图层）

学生姓名: 班级: 日期:

图 4-4　项目成果 3　彩盒的数码打样稿

学习目标

通过复杂表面工艺类彩盒项目的学习，我们要掌握的学习目标如表4-1所示。

表 4-1　学习目标

序号	学习目标
知识目标	
1	能够正确理解项目工单内容，识别纸盒结构、刀线版，专色的基本含义
2	能够正确理解纸盒商品一维条形码的结构和质量要求
3	能够读懂纸盒拼版生产作业指导书，理解纸张纹理对拼版的影响，理解纸盒的拼版方式
技能目标	
1	能够独立接收并确认彩盒印刷品客户订单，提取线版，输出低精度 PDF 文件，符合客户文件信息的要求

学生姓名：　　　　　　班级：　　　　　　日期：

续表

序号	学习目标
知识目标	
2	能够独立检查并处理彩盒印刷品的印刷文件，输出的单版印前文件，符合印前检查标准、工单信息和电子文件标准要求
3	能够进行纸盒拼版方案计算，进行彩盒文件拼大版，输出的大版文件，符合拼大版的印前检查表和工单信息要求
4	能够正确校对彩盒印刷文件，输出的大版文件墨稿，符合印前检查标准、工单信息和电子文件要求
素质目标	
1	利用成本意识，进行纸盒最优拼版方案设计
2	在理解产品质量的意义的同时，进一步思考如何通过规范意识保证产品质量
3	能够理解工匠精神中专注的内涵

4.1.2　学习方案与分组

① 学习方案

　　为了达成项目的学习目标，请同学们仔细阅读学习安排表4-2和项目知识体系表4-4，如有疑问，先记录下来并咨询你的课程导师。

表 4-2　学习安排表

学习方式	学习主题	学习时长	学习资源	学习工具
课堂学习	中高档的化妆品彩盒	6 学时	课堂学习资料	1. 电脑（安装如下软件）： 图形软件：Adobe Illustrator 图像软件：Photoshop 拼大版软件：Kodak preps 或者 Acrobat pdf pro QI 拼版 插件） 2. 数码打印机 / 数码印刷机 3. 纸盒切割机（可选）
实训学习、岗位学习		6 学时	实训学习资料、岗位学习资料 项目素材	
自主学习、网络学习		2 周内	自主学习资料 知识链接 工作手册 操作视频 练习素材	

学生姓名：	班级：	日期：

2 学生分组

学习分组说明：请根据导师的分组要求，在规定的时间内完成学习小组组建和选举学习小组长。

学生任务分组见表4-3所示。

表 4-3　学习任务分组与分工

班级		组名			
小组成员	姓名	学号	姓名	学号
	角色：学习小组长（　　　　　）			
	任务分工			
备注：				

学生姓名: 　　　　　班级: 　　　　　日期:

③ 学习知识体系表

请阅读"表4-4学习知识体系表"内容，整体了解复杂表面工艺印刷品印前处理与制作的知识结构与学习路径。请在学习过程与完成状态情况，在学习进度栏中标识出来。

表4-4　学习知识体系表

学习主题	知识类型	知识点学习内容	资源形式	学习进度
1. 订单的接收与确认 ★ ★	核心概念	读懂项目工单，正确识别表面复杂工艺彩盒的生产流程	视频 71 项目四 学习引导（微课）阅读材料	
	工作原则	保密原则		
	工作方法和内容	下载客户文件		
		提取彩盒线版，保存 ard 格式		
		输出保存低精度 pdf 文件		
	工作工具	1. FTP 2. 邮件 3. 百度网盘 4. Adobe Illustrator 软件 5. Photoshop 软件		
2. 印刷文件的审核 ★	核心概念	客户文件类型		
	工作原则	文件素材的完整性		
	工作方法和内容	检查字体、链接图是否缺失		
		替换纸盒标准刀线版		
	工作工具	1. Adobe Illustrator 软件 2. Photoshop 软件		
3. 印刷文件的处理 ★ ★ ★	核心概念	纸盒表面整饰工艺	视频 72 认识彩盒表面整饰工艺（动画）阅读材料	
		烫金工艺	视频 73 烫金工艺（微课）阅读材料	

学生姓名: 　　　　班级: 　　　　日期:

续表

学习主题	知识类型	知识点学习内容	资源形式	学习进度
3. 印刷文件的处理 ★ ★ ★	核心概念	击凸工艺	视频 74 击凸工艺（微课）阅读材料	
		上光工艺	视频 75 上光工艺（微课）阅读材料	
		白墨	视频 80 印刷中的白墨用法（微课）阅读材料	
	工作原则	符合生产印刷规范要求（公司 DTP 文件检查细则表）		
	工作方法和内容	烫金图层制作	视频 76 烫金图层设置（操作视频）	
		击凸图层制作	视频 77 击凸图层制作（操作视频）	
		满版光油图层制作	视频 78 满版光油图层制作（操作视频）	
		局部 UV 上光图层制作	视频 79 局部上光图层制作（操作视频）	
		白墨图层制作。	视频 81 白墨设置（操作视频）	
		按照DTP文件检查表要求，检查处理纸盒文件。		
	工作工具	1. Adobe Illustrator 软件 2. Photoshop 软件 3. Acrobat Pro 软件		
4. 拼大版印刷文件 ★	核心概念	纸盒材料、纸张纹理		
	工作原则	成本节约的原则		
	工作方法和内容	读懂拼版生产作业指导书	阅读材料	
		纸盒拼大版操作		
	工作工具	1. Kodak Preps 2. 数字流程软件 3. Acrobat Pro 软件		

学生姓名：　　　　班级：　　　　日期：

续表

学习主题	知识类型	知识点学习内容	资源形式	学习进度
5. 校对印刷文件★	核心概念			
	工作原则	安全意识		
		质量意识		
	工作方法和内容	检查并打印大版文件		
	工作工具	1. Adobe Illustrator 软件 2. Acrobat Pro 软件 3. 数码打印机 4. 色彩管理软件		
6. 拓展内容★	拓展练习	纸盒表面处理工艺改进	视频 82 纸盒表面处理工艺改进（操作视频）	
	素养提升	工匠精神之创新	视频 83 工匠精神之创新（动画）	

备注 ┃ 学习进度状态标识：已完成√，未完成×。

4.1.3 获取资讯

为锻炼自学能力，根据学习要求，请同学们先自主学习、自主查询并整理相关概念信息。

关键知识清单：表面处理工艺、烫金、凹凸压印（击凸）、满版上光、局部UV、磨砂、白墨。

🎯 学习目标

目标1：正确查询或搜集关键知识清单中的概念性知识内容。

目标2：用自己的语言，初步描述关键知识清单中的概念性知识涵义。

🏃 学习活动

活动1：查一查

以小组为单位，通过阅读材料、网络查询和相关专业书籍查询，初步理解以上概念性知识。

请将查询到的概念填写到下面（若页数不够，请自行添加空白页）：

学生姓名：　　　　　班级：　　　　　日期：

✍ 学习记录

📋 学习活动

活动2：说一说

以小组为单位，在组长的带领下，请每位同学用自己的语言说一说对以上概念的理解。并用图表形式写下来：

✍ 学习记录

💡 小贴士

通过参与以上学习活动，让你理解相关的专业知识，获得收集资讯的能力，懂得分工、沟通与协作的能力。

学生姓名：　　　　　　班级：　　　　　　日期：

4.2 计划与决策

为了完成复杂表面工艺印刷品的处理与制作任务，需要制定合理实施方案。

4.2.1 计划

学习目标

根据导师提供学习材料，能够制定项目实施方案。

学习活动：做一做

请先通过岗位调研或学习项目四 学习指引视频，提出自己的实施计划方案，梳理出主要的工作步骤并填写出来，尝试绘制工作流程图（可使用电子版表格填写，电子版表格模板请从本书素材中下载）。

学习记录

4.2.2 决策

学习目标

在小组长的带领下，能够筛选并确定小组内最佳任务实施方案。

学生姓名：　　　　　班级：　　　　　日期：

 学习活动：选一选

　　在学习组长的带领下，经过小组讨论比较，得出 2 个方案。导师审查每个小组的实施方案并整改意见。各小组进一步优化实施方案，确定最终的工作方案。将最终实施方案填写下来

　　学习记录

　　小贴士

　　通过以上学习活动，在制定实施方案过程中，提升你的归纳总结能力和团队协作能力。

学生姓名： 班级： 日期：

4.3 项目实施

为了完成精品纸盒的学习任务，将从以下5个工作过程进行学习。

4.3.1 工作过程1：订单的接收与确认 ★

学习目标

目标类型	学习目标	学习活动	学习方式
知识目标	读懂项目工程单，正确识别纸盒的材料、油墨和工艺	学习活动 1	课堂学习 岗位学习
技能目标	能够熟练完成订单接收与确认操作	学习活动 2	自主学习 岗位学习
素养目标	能够使用沟通技巧，与同事进行高效协作	学习活动 3	课堂学习 岗位学习

学习活动

活动1：找一找

阅读项目四工程单（如图4-5所示），查一查"小猫面膜盒"订单用到的材料、油墨和工艺分别是什么，哪些是你不熟悉的内容，请记录下来。

学习记录

学生姓名： 班级： 日期：

 阅读材料

项目四 工程单

项目四 工程单，重点关注结构尺寸、颜色、材料、工艺、出样类别等内容要求。

项目工程单			
客户名称	中荣印刷集团股份有限公司		
产品名称	小猫面膜盒		
订 单 号			
业 务 员	小张	方案经理	小李
文件来源	客户来新文件 ☑　　　FTP：□		
	U 盘：□　　　　　邮件：□		
色　　样	色样类别：按文件　　　色样文件路径：		
	是否要调色 / 跟色：□　　　跟色文件跟径：		
结构尺寸	是否需要结构设计☑		
	纸盒成品尺寸：110mm×30mm×161mm 单面印刷		
DTP 做文件要求	1.4C+ 白墨		
	2. 工艺按客来文件标识，盒盖烫银文件改为印灰色，不垫白墨		
纸　　张	纸张克重：350g　　纸张类别：单粉银卡纸　　纸张品牌：　特种纸□		
油　　墨	普通油墨：□　　UV 油墨：☑　　油墨品牌：　　特殊油墨：		
工艺流程	平印正面 5 色→正面连线满版 UV 光油 →正面局部 UV(磨砂)→侧面烫金→正面击凸啤正面→粘合		
出样类别	成品样 □　　数码稿☑　　数量：1 份		
操作人：	日期：　　　检验人：　　　日期：		

图 4-5 项目四 工程单

学习活动

活动2：做一做

请根据项目四 项目工单提供订单的信息，进行客户文件下载，提取纸盒线版并存储ard格式、输出低精度PDF文件并保存到对应工作文件夹。

学习记录

学生姓名：　　　　　班级：　　　　　日期：

学习活动

活动3：想一想　　素质能力：沟通协作能力

在生产过程中经常碰到，你负责的工单需要与工艺人员沟通，但是工艺员说他很忙，而这个单又比较着急，你该如何沟通？有何沟通技巧可以使用？将你的沟通技巧记录下来。

学习记录

课后练习　　　岗位学习

活动1：做一做

请根据岗位导师安排和提供的学习素材（本书素材链接地址下载），独立完成"接收订单"练习任务。请将岗位练习成果，总结整理，放置活页教材中，并在下次辅导时提交给导师。如遇到疑问或挑战，及时咨询岗位导师。

岗位练习学习记录

4.3.2　工作过程2：印刷文件的审核 ★

学习目标

目标类型	学习目标	学习活动	学习方式
技能目标	能够快速正确审核客户文件，替换标准线版	学习活动1	自主学习 岗位学习
	能够理解客户文件中的工艺要求，并核对是否与项目工单内容一致	学习活动2	课堂学习 岗位学习

学生姓名：　　　　　班级：　　　　　日期：

学习活动

活动1：做一做

对工作过程1下载的客户纸盒文件进行审核，自行快速检查彩盒文件是否缺字体和链接图，若无问题，请替换标准刀线版。

学习记录

学习活动

活动2：做一做

对工作过程1下载的客户纸盒文件进行审核，在Adobe Illustrator 软件查找表面工艺的数量，将查看到的工艺填写在下面的学习记录方框中，核对是否与工单工艺一致。

学习记录

课后练习

活动1：做一做　　　　岗位学习

请根据岗位导师安排和提供的学习素材（本书素材链接地址下载），独立完成"文

学生姓名： 班级： 日期：

件审核"练习任务。请将岗位练习成果，总结整理，放置活页教材中，并在下次辅导时提交给导师。如遇到疑问或挑战，及时咨询岗位导师。

📝 学习记录

4.3.3 工作过程3：印刷文件的处理 ★ ★ ★

🎯 学习目标

目标类型	学习目标	学习活动	学习方式
知识目标	能够分析纸盒样品表面整饰工艺	学习活动1	课堂学习 自主学习
	能够描述烫金、击凸、上光工艺、磨砂的生产流程	学习活动2	课堂学习 自主学习
	能够分析烫金图案设计是否合理	学习活动4	
	能够理解白墨的作用和使用场景	学习活动8	课堂学习
技能目标	能够正确制作烫金工艺图层	学习活动3	课堂学习 岗位学习
	能够正确制作击凸工艺图层	学习活动5	
	能够正确制作满版光油和局部上光工艺图层	学习活动6 学习活动7	
	能够正确制作白墨图层	学习活动9	
	能按照DTP文件制作要求，独立熟练处理纸盒文件	学习活动10	自主学习
	能够独立操作纸盒的墨稿审核和打印	学习活动11	自主学习
素养目标	在工艺处理过程中，锻炼细致专注的工匠精神	学习活动10	课堂学习 岗位学习

🧑‍🏫 学习活动

活动1：说一说

学习视频后，小组讨论，利用所学知识分析导师所给的样品彩盒用的是什么材

学生姓名： 班级： 日期：

料，用了什么颜色印刷，用了何种表面装饰工艺？将讨论结果写下来。

视频 72
认识彩盒表面整饰工艺

■ 活动名称：小组讨论。

■ 活动目标：能够正确分析纸盒所有的材料、颜色和表面整饰工艺。

■ 活动时间：建议时长 15 ~ 20min。

■ 活动内容：利用所学知识进行彩盒样品的材料、颜色和工艺分析。

■ 活动工具：中高档彩盒样品5份以上。

 学习记录

 学习活动

活动2：画一画

阅读材料或学习视频内容，小组讨论并分工画出烫金、击凸、上光工艺的生产流程。绘制完成后，可评出绘制最完整、最清晰、最美观的工艺流程图。

视频 73
烫金工艺

视频 74
击凸工艺

视频 75
上光工艺

 小贴士

　　绘制工艺流程图，能帮助锻炼逻辑思维和总结能力，是一项工科学生必学技能，可以手绘也可借助思维导图工具绘制。

学生姓名：　　　　　　班级：　　　　　　日期：

学习活动

活动3：练一练

学习视频内容，打开工作过程2审核过的精品纸盒文件，在软件中进行烫金图层制作。

视频 76
烫金图层设置

学习记录

学生姓名： 班级： 日期：

👥 学习活动

活动4：小组研讨

烫金是增加标签、商标、烟包、酒包及各种高档包装盒视觉效果和档次的重要工艺，但在实际应用中，由于设计不合理或印前处理不当，特别容易产生问题。请分析下列情景中烫金图案问题出现的原因，并提出印前的解决方案，记录下来。

情景1：烫金图案与印刷图案交接处，烫金套印不准，如图4-6所示。

图4-6 烫金套印不准

情景2：判断图4-7设计烫金图案合理吗？若不合理会出现什么问题？该如何调整？

图4-7 烫金图案

（a）文字描边 设置烫金 （b）烫金图案上有投影 （c）烫金图案上有小于0.5mm的反白小文字

💡 小贴士

烫金的位置与粗细：烫金工艺的位置和烫金图案的粗细都会影响最终的烫金效果，在设计或处理烫金图案时必须考虑图案的粗细和位置。

学生姓名：　　　　　　班级：　　　　　　日期：

- 活动名称：关于烫金图案问题的讨论。
- 活动目标：能够正确分析烫金问题，并提出解决方案。
- 活动时间：建议时长 15 ~ 20min。
- 活动内容：分析情景样品烫金图案出现问题的原因，提出印前解决方案。
- 活动工具：图形软件，烫金图案素材。

 学习记录

 阅读材料

烫印工艺

传统的烫印俗称"烫金"（图4-8）、"烫银"（图4-9），是用灼热的金属模板将金箔、银箔按在承印物表面，使它们牢牢地结合。

图 4-8　烫金效果图　　　　　　　　图 4-9　烫银效果图

现在的烫印不只是烫金，烫银，而是可以使用各种颜色的电化铝烫印（图4-10）。电化铝除了有传统金、银箔的光泽外，还有丰富的色彩和

图 4-10　使用过的电化铝（图案部分已经转移）

学生姓名： 班级： 日期：

肌理，富丽堂皇，流光溢彩，甚至可以在各种底色上做出类似于皮革、纺织品、木材的凹凸纹路。我们在一些包装上看到闪闪发光的底纹就是电化铝，最漂亮的是那种随视觉变化的底纹——激光电化铝。

烫印不是印刷工艺，而是印后加工工艺。它没有使用任何油墨，但印前制作方法与专色一样，我们可以把烫印的图文当成专色。

烫金图文设计的注意要点：

◆图文，尤其是文字和线条不能太精细，否则烫印不上。

◆烫印的图文必须是实地的色块、文字或线条，不能有渐变色和加网，因为目前的烫印精度还达不到加网的要求，冷烫工艺除外。

◆避免在同一页面上让大色块、大字、细线条和小字穿插，因为烫细线需要较低的温度，较小的压力，如果同时存在大色块，就要在大色块底下加垫板以补偿压力。如果设计师在大色块中又套放了小文字、小线条，印后操作可就难了，大面积烫印，小面积就要糊版，照顾了小地方，大色块又烫印不牢。

 学习活动

活动5：练一练

学习视频内容，打开工作过程2审核过的精品纸盒文件，在软件中进行击凸图层制作。

视频 77
击凸图层设置

小贴士

击凸图层制作注意要点：击凸图案的设置不能太精细，要根据图案特点设置。击凸图层制作时，只要将需要制作击凸的图案轮廓，复制到新图层，填充专色即可。

学生姓名：　　　　　　　班级：　　　　　　　日期：

 阅读材料

凹凸压印（击凸）工艺

凹凸压印（击凸）实际上是一种浮雕效果，具有立体感，类似于盖钢印的工艺。它有一个凹的模具和一个凸的模具，它们的凹凸面是契合的，把它们垫在纸的两面，对齐，加压，必要时还要加热，就可让图案部分在纸上鼓起来了。

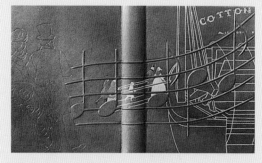

图 4-11　单层凸效

就击凸的表面而言，分为单层凸效（图4-11）和多层凸效（图4-12）两种效果。单层凸效就像钢印那样，简单地凸起，各处凸起一样高，大块的凸起是平坦的；多层凸效是凸中有凸，表面有浮雕纹理，更加逼真。击凸通常与烫金工艺合作（图4-13），既有立体感又有光泽，达到重点强调的效果。

图 4-12　多层凸效

图 4-13　烫金加击凸的效果

印前制作时，凹凸压印也是单色作为一个图层制作，并且单独出一张菲林片，这张菲林片是和四色片同时出的，上面的规线和四色片的规线完全对

学生姓名：　　　　　班级：　　　　　日期：

齐，击凸的部位被填充成黑色，当把它和四色胶片重叠在一起的时候，图样恰好落在它应该落的位置。实际上击凸和烫金、局部UV一样也是一种专色手法，只是击凸不像局部UV那么精确，局部UV可以用于很小的字，击凸却只能用于大字、粗线条和简单图案。

击凸处与图文的结合方式可以有以下几种：

（1）严套　击凸区域的边缘和中间的每一个细节都与图文套准。

（2）套边　击凸区域的边缘与图文的边缘套准，但中间不太受限制。

（3）交套　击凸区域的一部分与图文套准，而另一部分完全是自由的。

（4）松套　击凸区域完全是独立的图案，不必与任何图文套准。

（5）素凸　击凸区域在印刷品的空白处，没有压住任何图文。

学习活动

活动6：练一练

学习视频内容，打开工作过程2审核过的精品纸盒文件，在软件中进行满版光油图层制作。

视频 78
满版光油图层设置

学习记录

小贴士

满版光油制作注意要点：

（1）需要考虑出血，若纸盒有开窗，开窗位也需要考虑制作出血。

（2）因光油尤其是UV光油会影响胶水黏性，上光油的地方要避开需要上胶水的纸盒部件，如糊盒口，自锁底盒底部或部分纸盒的防尘翼。

学生姓名：　　　　　　班级：　　　　　日期：

 学习活动

活动7：练一练

学习视频内容，打开工作过程2审核过的精品纸盒文件，在软件中进行局部上光（磨砂）图层制作。

视频 79
局部上光图层设置

学习记录

小贴士

局部图层制作注意要点：局部上光主要突出关键的文字、图形和图案，可活跃版面，可丰富表面质感。局部上光图层制作时，只要将需要制作局部上光的图案轮廓，复制到新图层，填充专色即可。

学生姓名： 班级： 日期：

 阅读材料

上光和压光工艺

在印刷品表面整个涂一层无色透明的特种油墨，称为上光，这种透明的油墨称为上光油，它干燥后在印刷品表面形成了一层均匀的薄膜，改善印刷品的光泽，保护色层不磨损、不受潮发霉、不易沾脏。大多数上光油让印刷品更光亮，也有一些上光油可产生毛玻璃那样的特殊效果。压光是上光的进一步操作，是在上光油干燥后用不锈钢滚筒压出镜面般的光泽，比单纯的上光还要光亮。上光和压光是在印完四色之后，在击凸、折叠、裁切、模切压痕等工艺之前进行的，因为上光油必须与印刷色紧密地结合，没有任何气泡、砂眼和缝隙，而且要非常均匀地涂布。印刷业又常常将上光和压光简称为UV上光，因为常用的上光油是采用紫外线固化的。在海报、宣传页、日历、明信片、扑克牌等印刷品上也常常进行上光和压光处理，另外在硬质材料上烫金、烫银或进行电化铝烫印后，也可涂一层上光油来防止箔层脱落。不过上光的膜层不像局部UV那么厚，它通常用于比较平滑的表面，比如铜版纸、卡纸适合上光，表面粗糙的纸却会把上光油吸掉，除非反复上光，不过这对特种纸来说通常是没有必要的，因为上光油的光泽会冲淡特种纸本身的肌理的魅力。

上光油有时会让印刷品的颜色发生变化，因为它对油墨有一定的溶解作用。人物图像对此尤其敏感，上光以后，鲜艳的颜色可能会变灰，深色可能会变浅，而人们对肤色的变化是很挑剔的，所以这种画面最好使用覆膜来代替上光。另外，上光和压光后的印刷品会变脆，如果这种印刷品需要折叠，就要小心了。厚纸本来就容易折裂，再上光、压光，就更难折了。书的封面要折，纸盒要折，手提袋要折……如果它们是用200g/m²以上的厚纸来做的，还是覆膜好。

上光分为满版上光和局部上光两种。满版上光的主要作是对印刷品进行保护，并提高印刷品的表面光泽及耐磨度，满版上光一般采用辊涂上光的方

学生姓名：　　　　　　班级：　　　　　　日期：

法进行。局部上光（图4-14）一般是在印刷品上对需强调的图文部分进行上光，利用上光部分的高光泽画面与没有上光部分的低光泽画面相对比，产生奇妙的艺术效果。

图4-14　局部上光（磨砂机理效果）

学习活动

活动8：小组研讨

小组讨论，阅读相关材料，分析导师所给的样品彩盒哪些用了白墨印刷，并总结什么情况需要使用白墨印刷，将讨论结果写下来。

- 活动名称：关于白墨印刷的讨论。
- 活动目标：能够正确分析白墨的用法。
- 活动时间：建议时长 15 ~ 20min。
- 活动内容：利用所学知识进行白墨印刷分析，并总结白墨用法。
- 活动工具：使用白墨和不使用白墨的中高档彩盒样品4份以上。

学习记录

学生姓名:　　　　　班级:　　　　　日期:

 阅读材料

白墨的用法

印刷品上的白色通常是在油墨间断处漏出底材的颜色,比如纸色。但假如印刷承印物不是白纸,而是黑卡纸、塑料、皮革、金属等材料,白色就需要用白墨来印刷(图4-15)。在透明的材料上要表现白色,也必须用白墨(图4-16)。白墨给彩色图文垫底,或者在彩色图文上印白色的文字、图案,是一种很雅致的效果,白、透明与彩色交织。

视频80
印刷中白墨的用法

白墨有不透明的和半透明的两种。以钛白(二氧化钛)为色料的白墨遮盖力强,白度高,对光、热、酸、碱的耐受力强,是最好的白墨。以锌白(氧化锌)为色料的白墨,遮盖力、白度、耐光性、耐酸性稍差,但干燥快。这两种白墨都可以用来印刷白色图文。锌钡白(硫化锌和硫酸钡的混合物)、氢氧化铝、碳酸钙等成分遮盖力低,不适合做白色色料,但可以在调专色时冲淡颜色。

▲白墨有较大的颗粒,不适合印刷特别精细的图文。

图4-15　印刷在镭射卡纸上的白墨

图4-16　印刷在透明材料上的白墨

学生姓名: 班级: 日期:

学习活动

活动9：练一练

学习视频内容，查看工作过程2审核的精品纸盒文件，分析哪些地方需要进行白墨设置，并在软件中进行白墨图层制作。

视频 81
白墨设置

学习记录

学习活动

活动10：做一做

客户文件中部分白色文字并不是想做白色效果，有些需要透出镭射卡纸本身材料颜色效果，检查工作过程2审核的精品纸盒文件中哪些地方需要显示镭射卡纸本身的颜色，请做镂空处理。

学习记录

 小贴士

纸盒的工艺处理与纸盒使用的材料息息相关，生产实践过程，需要考虑纸盒本身的材料进行工艺的处理分析。例如使用了镭射纸的纸盒，设计师希望通过图案和材料的巧妙搭配显示特殊效果，印前制作时，工程师就需要对显示材料颜色的地方做镂空处理。镂空处理实际在软件中就是填充颜色成分C0M0Y0K0的白色。

学生姓名：　　　　　　班级：　　　　　　日期：

学习活动

活动11：练一练

请按照"公司DTP文件检查细则表"，用前面项目学过的方法，对精品彩盒文件进行各个项目的检查和修改，确保每个项目都符合细则表中的质量要求。将检查出和修改的问题记录下来。

学习记录

学习活动

活动12：做一做

对已完成的精品纸盒文件进行仔细核对，并使用数码打样的软件和设备，将完成的精品纸盒电子稿打印成墨稿。

学习记录

课后练习

活动1：做一做　　　　　岗位学习

请根据岗位导师安排和提供的学习素材（本书素材链接地址下载），独立完成复杂表面工艺彩盒印刷品"文件处理"练习任务。请将岗位练习成果，总结整理，放置活页教材中，并在下次辅导时提交给导师。如遇到疑问或挑战，及时咨询岗位导师。

学生姓名：　　　　　　　班级：　　　　　　　日期：

✎ 岗位练习学习记录

4.3.4　工作过程4：拼大版印刷文件 ★

🎯 学习目标

目标类型	学习目标	学习活动	学习方式
技能目标	在规定的时间内，熟练正确完成纸盒的拼大版操作，并能审核和评价拼版质量	学习活动 1 学习活动 2	课堂学习 岗位学习
素质目标	在岗位学习过程，养成良好工作习惯	学习活动 3	岗位学习

🧑‍🏫 学习活动

活动1：做一做

根据彩盒拼版作业指导书（图4-17）要求，在规定时间内，完成精品纸盒的拼大版模板制作，和拼版大版操作，记录操作时间，评出最快"拼版小能手"。

✎ 学习记录

学生姓名：　　　　　　班级：　　　　　　日期：

 阅读材料

生产作业指导书			
客户名称	中荣印刷集团股份有限公司	QAD 物料号	000114
产品名称	小猫面膜盒	成品规格	11cm×3cm×16.1cm
文件路径			
线板路径			
纸张用料	350g 单粉银卡纸		
开　料	61cm×50cm（4版）纸纹：50cm		
版材规格	785mm×1040mm		
拼版方式	横2版，直2版，共4版，开位上下0.5cm，左右一刀		
工艺流程	平印正面5色→正面连线满版UV光油 →正面局部UV（磨砂）→正面击凸啤正面→粘合		
交付资料	提供文字/规格样一张，颜色样一张		
油　墨			
印　刷	平印正面印5色，印刷颜色按提供的色样		
印刷机台	对开罗兰机		
表面处理	正面击凸		
啤　合	按样啤正面，成品规格：11cm×3cm×16.1cm，线版路径：PDM2109007-01-SJ		
粘　合	按样用胶水机粘		
包　装	纸箱		
备　注			
出样：　　　制表：　　　日期：　　　审核：　　　日期：			
补充：如各部门有特别资料需登记的，请在以下表格内登记并签名确认.			
计 划 部			
版　房			
彩　印			
啤　合			
其　他			
此行只供版房使用，其他部门无须填写			
完成日期：			
操作人：　　　日期：　　　检验人：　　　日期：			

图 4-17 项目四 拼版生产作业指导书

学生姓名：　　　　　　班级：　　　　　　日期：

👥 学习活动

活动2：评一评

根据纸盒拼版的评价标准（如图4-18所示），对活动1中做完的拼大版文件进行小组互评，各小组需记录评价过程中的问题。统计分析问题出现频率较高的项目，并进行原因分析和改正。

- 活动名称：拼版质量评价与分析。
- 活动目标：能够正确分析评价拼版质量问题。
- 活动时间：建设时长 15~20min。
- 活动内容：小组互评活动1的拼版质量，记录拼版问题，进行投票统计出现频率高的问题。对这些问题进行原因分析，并做修改。
- 活动工具：统计投票工具。

📝 学习记录

学生姓名： 班级： 日期：

 阅读材料

拼版质量标准

评价项目			
项目小组或人员		评价小组或人员	
序号	质量标准	是否合格（√ 或 ×）	错误点
1	产品尺寸正确，出血尺寸正确		
2	开位设置正确		
3	拼版方案正确		
4	裁切线、角线和套准线等规角线齐全，颜色使用套版色，线条长度 3mm 以上		
5	色标齐全且颜色填充正确		
6	信息文字添加正确		
7	线版和规角线单独分图层制作（若使用 AI 软件拼版）		
8	正反版、自翻版页面安排正确（适合双面印刷成品）		
9	页码安排正确（适合多页产品）		
10	纸纹方向标识正确（适合纸盒类产品）		

图 4-18　纸盒拼版质量标准

学习活动

活动3：想一想　　素质能力：良好工作习惯

同学们在岗位上已学习印前处理有一段时间了，请总结印前制作员在良好工作习惯包括哪些内容，并做记录。

学习记录

学生姓名：　　　　　　班级：　　　　　　日期：

课后练习

活动1：做一做　　　　岗位学习

请根据岗位导师安排和提供的学习素材（本书素材链接地址下载），独立完成复杂表面工艺印刷品"文件拼版"练习任务。请将岗位练习成果，总结整理，放置活页教材中，并在下次辅导时提交给导师。如遇到疑问或挑战，及时咨询岗位导师。

学习记录

4.3.5　工作过程5：印刷文件的校对 ★ ★

学习目标

目标类型	学习目标	学习活动	学习方式
技能目标	在规定的时间内完成墨稿打印和校对的操作	学习活动 1 学习活动 2 学习活动 3	岗位学习

学生姓名： 班级： 日期：

学习活动

活动1：做一做

根据提供的设备和纸张，完成精品盒拼大版文件墨稿打印。

学习记录

学习活动

活动2：想一想

小组讨论，纸盒拼大版文件需要利用墨稿核对哪些项目，并在下框写出。

学习记录

学生姓名：　　　　　　班级：　　　　　　日期：

 学习活动

活动3：做一做

根据活动2得出的检查项目，校对印刷文件，如果有错，请在墨稿中标识出，然后到电脑文件中进行修改。

学习记录

课后练习

活动1：做一做　　　　　　岗位学习

根据导师提供的学习材料，独立熟练完成文件墨稿打印与校对的任务操作。

学习记录

学生姓名：　　　　　　　班级：　　　　　　日期：

🔄 4.4 检查与评价

🏃 学习活动：评一评

请根据导师提供的学习评价表，先自我评价，再由组长评价，导师根据学习过程对每位学生整体做评价。

- 活动名称：学习质量评价。
- 活动目标：能够正确使用学习评价表，完成学习质量的评价。
- 活动时间：建议时长 10 ~ 15min。
- 活动方法：自我评价+小组评价+导师评价。
- 活动内容：根据学习过程数据记录，自我评价、小组评价和导师评价。
- 活动工具：学习评价表。
- 活动评价：提交评价结果+导师反馈意见。

先根据评分表梳理操作整合环节进行自我评价，结束后将交给组长进行组内评价。

表 4-5 项目学习的检查与评价

班级		项目名称		第___组 学生姓名	
具体项目任务及考核（满分 100 分）					
项目任务	考核指标（打√）		自我评分	组长评分	导师评分
资讯阶段 （15分）	查找与项目有关的资料　□ 主动咨询　□ 认真学习项目有关的知识技能　□ 团队积极研讨　□ 团队合作　□				
计划与决策阶段 （15分）	1. 完成计划方案（10 分） 积极研讨真好计划内容详细　□ 格式标准　□ 思路清晰　□ 团队合作　□				

学生姓名：　　　　　　　班级：　　　　　　　日期：

续表

项目任务	考核指标（打√）		自我评分	组长评分	导师评分
计划与决策阶段（15分）	2. 分析方案可行性（5分） 方案合理　□ 分工合理　□ 任务清晰　□ 时间安排合理　□				
实施过程（70分）	专业技能评价（55分）	1. 接收并确认订单（6分）			
		能够正确对接工艺员　□			
		能够正确识别彩盒产品的材料　□			
		能够正确识别彩盒产品的工艺　□			
		能够正确提取彩盒线版　□			
		能够输出低精度 PDF 文件　□			
		2. 审核印刷文件（2分）			
		熟练检查字体、链接图是否缺失　□			
		3. 处理印刷文件（24分）			
		熟练检查并修改色彩模式与图像分辨率　□			
		熟练检查并添加出血位、安全位　□			
		熟练检查并修改文字高度、细线条粗细　□			
		熟练检查并修改黑色文字　□			
		熟练检查并修改纸盒专色　□			
		检查并修改纸盒上光工艺　□			
		检查并修改纸盒击凸工艺　□			
		检查并修改纸盒表面烫金工艺　□			
		4. 拼大版（8分）			
		能够识别拼版信息　□			
		能够制作拼版文件　□			
		5. 校对印刷文件（5分）			
		核对输出稿件与客户文件一致性　□			

学生姓名：	班级：	日期：

续表

项目任务	考核指标（打√）		自我评分	组长评分	导师评分
实施过程（70分）	专业技能评价（55分）	6. 产品质量（10分）			
		文字与原稿一致并符合印刷的要求　□			
		图片与原稿一致并符合印刷的要求　□			
		拼版与生产作业指导书要求一致　□			
		拼版文件的印刷标记齐全　□			
	方法与能力评价（5分）	分析解决问题能力　□ 组织能力　□ 沟通能力　□ 统筹能力　□ 团队协作能力　□			
	素质考核（10分）	课堂纪律　□ 学习态度　□ 责任心　□ 安全意识　□ 成本意识　□ 质量意识　□			
总分					

导师评价：

导师签名：
评价时间：

⬚ 4.5　总结与反馈

🏃 学习活动1：反思与总结

学习反思与总结是最为重要的学习环节，请根据导师的要求，认真完成以下学习活动。

请先自我总结与反思，在课后作业的形式完成组内总结分享（请你要录制分享视

学生姓名：　　　　　　班级：　　　　　　日期：

频并提交），制作PPT总结报告。

- ■ 活动名称：学习反思与总结。
- ■ 活动目标：能够在导师和小组长的带领下，完成PPT报告总结和视频总结。
- ■ 活动时间：建议时长30min。
- ■ 活动方法：自我评价+代表分享+导师评价。
- ■ 活动内容：请小组代表，运用PPT或思维导图总结形式完成课堂分享。布置课后作业，要求每位学生在组内以PPT报告的形式完成学习经验的分享，并将分享过程录制成视频在下课堂前上交给学校导师。
- ■ 活动工具：PPT或思维导图进行总结。
- ■ 活动评价：提交反思与总结结果+导师反馈意见。

小贴士

　　学习评价：既是一种学习方法，又是对学习过程进行总结与反思的最佳时机。不论你现在对专业技能掌握程度如何，一定要让学生多总结、多反思、多分享。过程中，主要是提升和训练你的综合职业能力，如：协作精神、沟通表达能力和职业精神等能力。

学习活动2：评一评

以学习小组为单位，评出你所在的学习小组的同学最佳作品或成果和最佳学习代表。

学习记录

学生姓名：   班级：   日期：

4.6 拓展学习   岗位学习

4.6.1 拓展任务

同学们，在导师指导或视频指导下，我们已经学完了复杂表面工艺纸盒的项目案例制作，接下来依据完整工作流程，请你独立完成拓展任务1中精品彩盒产品的印前处理与制作，并对最后的成果进行评价。

纸盒表面工艺处理，属于高级项目，除了常规的烫金、击凸、上光工艺处理外，还有很多工艺要根据实际情况进行处理。学有余力的同学，可以尝试一下挑战"拓展任务2工艺处理错误修改"。

拓展任务1：请依据完成工作流程，独立完成精品纸盒印刷品的印前处理与制作（任务素材可在本书素材链接地址下载）。练习过程中有遇到任务问题，可记录在拓展学习记录中，必要时咨询导师，解决练习过程中的难题。

拓展学习记录

① 拓展学习：是指在实际的工作岗位上，学生在导师的指导下，独立地把学习到的新知识和新技能迁移到同等情境下另外难度级别的实训学习过程。

学生姓名：　　　班级：　　　日期：

📝 拓展任务2：学习视频内容，下载客户文件，客户设计的工艺有不合理的地方，请你找出来，并对其工艺做改进（任务素材可在本书素材链接地址下载）。

视频 82
工艺改进

📝 拓展学习记录

① 拓展学习：是指在实际的工作岗位上，学生在导师的指导下，独立地把学习到的新知识和新技能迁移到同等情境下另外难度级别的实训学习过程。

4.6.2　素养提升——工匠精神之创新

请学习视频内容，理解工匠精神中的创新精神，谈谈你印前工作过程中有哪些方面有可能做创新改进，举例说明。

视频 83
工匠精神之创新

📝 拓展学习记录

① 素质：是指在实际的工作岗位上或学习过程中，养成的职业素养。

结束语

　　《印前处理与制作》学习虽然结束了，并不代表你已完全就能做好印刷品的处理与排版工作，其实这只是一个新的开始。你想要完全胜任其将来的职业工作，还要多反思与进一步工作实践，工作就是最好的学习。

　　祝你学习更进一步！

参考文献

[1] 李大红. 印前处理与制版［M］. 北京：中国轻工业出版社，2019.

[2] 官燕燕，付文亭. 数字图文印前处理实例教程［M］. 广州：广东高等教育出版社，2015.

[3] 中国印刷技术协会，上海新闻出版社职业教育集团组织. 印前处理［M］. 北京：中国轻工业出版社，2021.

[4] 张洪海. 印刷工艺［M］. 北京：中国轻工业出版社，2018.

[5] 王威，靳鹤琳. 数码印刷印前制作实训［M］. 北京：中国建筑工业出版社，2014.

[6] 万晓霞，李凌霄. 印前制作与印刷工艺［M］. 武汉：武汉理工大学出版社，2006.

[7] 刘艳，纪家岩. 印刷数字化流程与输出［M］. 北京：文化发展出版社，2015.

[8] 金琳，肖颖，秦晓楠. 印后加工技术虚拟实训教程［M］. 北京：文化发展出版社，2021.

[9] 王旭红. 色彩管理操作教程［M］. 北京：化学工业出版社，2021.

[10] 中华人民共和国人力资源和社会保障部. 印前处理与制作员国家职业技能标准（2019版 职业编码：6-08-01-01）［S］.

[11]【美】吉姆·威廉姆斯，史蒂夫·罗森伯姆. 学习路径图［M］. 朱春雷，译. 南京大学出版社，2010.

[12] 蔡跃. 职业教育活页式教材开发指导手册［M］. 上海：华东师范大学出版社，2020.

[13] 赵志群. 职业教育工学结合一体化课程开发指南［M］. 北京：清华大学出版社，2015.